一生三学

孙颢/编著

中国华侨出版社

图书在版编目（CIP）数据

一生三学/孙颢编著．—北京：中国华侨出版社，
2010.7

ISBN 978 - 7 - 5113 - 0499 - 5

Ⅰ.①一… Ⅱ.①孙… Ⅲ.①成功心理学—通俗读物
Ⅳ.①B848.4 - 49

中国版本图书馆 CIP 数据核字（2010）第 116924 号

● 一生三学

编　著/	孙　颢
责任编辑/	李　晨
经　销/	新华书店
开　本/	710×1000 毫米　1/16　印张 15　字数 220 千字
印　数/	5001-10000
印　刷/	北京一鑫印务有限责任公司
版　次/	2013 年 5 月第 2 版　2018 年 3 月第 2 次印刷
书　号/	ISBN 978 - 7 - 5113 - 0499 - 5
定　价/	29.80 元

中国华侨出版社　　北京市朝阳区静安里 26 号通成达大厦 3 层　　邮编 100028

法律顾问：陈鹰律师事务所

编辑部：(010) 64443056　　64443979
发行部：(010) 64443051　　传真：64439708
网　址：www.oveaschin.com
e - mail：oveaschin@ sina.com

前　言

有句俗话叫"活到老学到老"人们耳熟能详，说的是学习对于一个人的重要性以及学习的长期性。正因其俗，许多人抱着"姑且听之"的态度，并没把它真正当回事，更不用说细细揣摩其中的道理和对人生的意义了。

还有句俗话叫"话俗理不俗"。道理浅显，却是不折不扣的真理。就拿学习来说，不管处于人生的哪一个阶段，处于事业的哪一个高度，都不能置学习于度外。只有通过学习才能不断充实自己，让自己迈出的每一步更加坚实。

当然，学习也没必要"一网打尽"，而是要有所侧重。就其对人生的重要性而言，有三方面的内容是不能不学、不能不"活到老学到老"的，即取舍、低调、忍让。

所谓取舍，就是知道该争取什么、舍弃什么，以及什么时候该争取、什么时候该放弃。一个人生活、事业中会遇到很多事情，在这些事情上一取一舍的不同选择，往往导致不同的人生方向。所以，取舍问题是关乎人生发展高度的大问题，对于取舍的智慧不可不学习、修炼、提高。

俗话说地低成河、人低成王，不管你的目标有多高，身份有多高，都必须把低调作为自己的行为准则。因为唯有低调，才能赢得周围人的支持；唯有低调，才能避免自己成为别人攻击的目标，从而减少人生路上的障碍。无数惨痛的事实告诉我们：低调是达到高标的必要手段，低调是为人处世的定海神针。

人生中有许多不如意处：不公平者有之；欺人太甚者有之；局势不利、首尾难顾者有之；遭遇小人言行诟病者亦有之。凡此种种情形之下，最具智慧的应对策略不是拔剑而起、奋起力争，而是忍让为先、淡然处之。忍让是一种胸怀，这种胸怀让你平安渡过人生河流中的一个个险滩，顺利到达成功的彼岸。

学会取舍、低调和忍让，就是给自己准备了三张应对人生各种境遇的三张底牌，有了这三张底牌，就能活得从容而智慧，就是给自己的人生之船扬起了顺风帆。

千万不要把取舍、低调、忍让这三种智慧当作可有可无的无病呻吟，它们是垫脚石，是挡箭牌，更是开山斧。拥有它们，你就有了征战人生战场的最大资本。

目 录 Contents

上篇　学会取舍：怎样取舍决定怎样的人生

所谓取舍，就是知道该争取什么、舍弃什么，以及什么时候该争取、什么时候该放弃。一个人生活、事业中会遇到很多事情，在这些事情上一取一舍的不同选择，往往导致不同的人生方向。所以，取舍问题是关乎人生发展高度的大问题，对于取舍的智慧不可不学习、修炼、提高。

2

中篇　学会低调：低调是为人处世的定海神针

　　俗话说地低成河、人低成王，不管你的目标有多高，身份有多高，都必须把低调作为自己的行为准则。因为唯有低调，才能赢得周围人的支持；唯有低调，才能避免自己成为别人攻击的目标，从而减少人生路上的障碍。无数惨痛的事实告诉我们：低调是达到高标的必要手段，低调是为人处世的定海神针。

目录

CONTENTS

下篇 **学会忍让：以大胸怀为自己的人生保驾护航**

人生中有许多不如意处：不公平者有之；欺人太甚者有之；局势不利、首尾难顾者有之；遭遇小人言行诟病者亦有之。凡此种种情形之下，最具智慧的应对策略不是拔剑而起、奋起力争，而是忍让为先、淡然处之。忍让是一种胸怀，这种胸怀让你平安渡过人生河流中的一个个险滩，顺利到达成功的彼岸。

上篇　学会取舍：
怎样取舍决定怎样的人生

所谓取舍，就是知道该争取什么、舍弃什么，以及什么时候该争取、什么时候该放弃。一个人生活、事业中会遇到很多事情，在这些事情上一取一舍的不同选择，往往导致不同的人生方向。所以，取舍问题是关乎人生发展高度的大问题，对于取舍的智慧不可不学习、修炼、提高。

第一章

每一次取舍都是人生的一个拐点

1. 工作上要懂得如何取舍

我们身边很多人每天都在忙忙碌碌，忙碌的结果就是：没有时间静下心来问问自己：什么才是最想要的东西？生命就在这样漫无目的的忙碌中匆匆流逝。所以，必要的时候让自己停下来，静下来，认真去思考。究竟什么样的生活才是你所孜孜以求的？这个目标不是盲目不切实际的，也不是人云亦云的。它，是你生命最原始的呼唤。因为，一个人要成功的话，一定要找到自己最想做的事，当然这也是他最擅长做的事，这样他就能够每天都信心百倍地去工作，也容易获得成功。

"做自己喜欢和善于做的事，上帝也会助你走向成功。"这是世界首富比尔·盖茨说过的一句话，是不是应该成为今后我们择业的指南呢？比尔·盖茨是计算机方面的天才，早在他还没有成名的时候，他对计算机就十分痴迷，并且是一个典型的工作狂，但这种"工作"完全是出于一种本能的爱好，这种爱好他在湖滨中学时期就已表现得淋漓尽致。

那时候，为了研究和电脑玩扑克的程序，他简直到了如饥似渴的程度。扑克和计算机消耗了他的大部分时间。像其他所专注的事情一样，盖茨玩扑克很认真，第一次他玩得糟透了，但他并不气馁，最后终于成了扑克高手，并研制成了这种计算机程序。在那段时间里，只要晚上不

玩扑克，盖茨就会出现在哈佛大学的艾肯计算机中心，因为那时使用计算机的人还不多。有时疲惫不堪的他，会趴在电脑上酣然入睡。盖茨的同学说，常在清晨发现盖茨在机房里熟睡。盖茨也许不是哈佛大学数学成绩最好的学生，但他在计算机方面的才能却无可匹敌。他的导师不仅为他的聪明才智感到惊奇，更为他那旺盛而充沛的精力而赞叹。

在阿尔布开克创业时期，除了谈生意、出差，盖茨就是在公司里通宵达旦地工作，常至深夜。有时，秘书会发现他竟然在办公室的地板上鼾声大作。天才加爱好、再加勤奋，成就了这位世界首富辉煌而幸福的人生历程。

有人说：在人生的所有幸福中，有一种幸福被人们所津津乐道并为人所羡慕，这种幸福并不是大多数人能拥有，只有少部分人才能很幸运，大多数人为了生计而奔波，不得不干他们所不喜欢的职业，这其实是很不幸的，而真正的幸福就是所从事的工作和自己的爱好相一致，就像易趣网的创史人邵易波所说："一个人要成功的话，一定要找到自己最想做的事，当然这也是他最能干的事，这样他就能够每天都很有劲地去工作，也容易成功……"

邵易波少年得志，早在上高中时，他就在数学方面崭露头角，并在高二时跳级，直接进入美国哈佛大学，在哈佛大学的 MBA 毕业之后，他谢绝了美国各大咨询公司和金融投资银行的高薪聘请，回上海创办易趣网，任首席执行官。如今，易趣网已成为全球最大的中文网上交易平台。

谈及成功，邵易波说："回国创业不是我的一时冲动，而是我想了很久才定下来的，最重要的是，感觉自己对这方面感兴趣，愿意在这方面发展……"

人和人之间是有差别的，每个人都有优势，都有擅长和不擅长的东西，关键是要对自己有所认识。有人问罗斯福总统夫人："尊敬的夫人，你能给那些渴求成功特别是那些年轻、刚刚走出校门的人一些建议吗?"

总统夫人谦虚地摇摇头,但她又接着说:"不过,先生,你的提问倒令我想起我年轻时的一件事:那时,我在本宁顿学院念书,想边学习边找一份工作做,最好能在电讯业找份工作,这样我还可以修几个学分。我父亲便帮我联系,约好了去见他的一位朋友,当时任美国无线电公司董事长的萨尔洛夫将军。"

"等我单独见到了萨尔洛夫将军时,他便直截了当地问我想找什么样的工作,具体哪一个工种?我想:他手下的公司任何工种都让我喜欢,无所谓选不选。便对他说,随便哪份工作都行!"

"只见将军停下手中忙碌的工作,眼光注视着我,严肃地说,年轻人,世上没有一类工作叫'随便',人的一生要做你最想做的事!"

"将军的话让我面红耳赤。这句发人深省的话语,伴随我的一生。"

你要选择一条正确的航道,就要不断冷静地修正你的航向。只有学会冷静地思索,才能修正你的罗盘,你就会自动地做出反应,同你的目标、你的最高理想,处于同一条直线上。

所以,当你不断地努力工作时,你应时时地冷静下心来好好想一想,你所努力的方法及方向是不是你生命中最想要的?三百六十行,行行出状元。但其"状元之才"之所以能够浮出水面,为世人称颂,就是因为他选择了适合自己并且是自己想做的工作。

2. 选择最合适的

在有"中国鞋王"之称的奥康集团内部流传着这样一个故事:在2005年第一季度工作总结报告会上,轮到公司事业部某经理汇报,该经理兴致勃勃地讲道:"一季度原计划开店70家,最终开店110家,超额完成任务。"总裁王振滔听着听着皱起了眉头:"这叫严重超标,是很不好的工作习惯。"原以为会得到表扬,换来的却是批评,事业部经理很委屈,他想不通,为什么这么好的成绩却遭到责备。经理正欲争辩,王振滔迅速接上刚才的话茬,语重心长地说:"你想想,你超标那么多,你的管理、物流和人员跟得上吗?如果不能保证质量,不仅不会形成有效的市场规模效益,反而打乱了原有的平衡,捡了芝麻丢了西瓜。盲目开店的结果只会是开一家,死一家,做了无用功。"

"这就好比一对夫妇原来只要一个孩子,可却生了三胞胎,对他们来说这绝对是件哭笑不得的事,家里一下子变成了5口人,人多是热闹了,但抚养不起啊。"善于打比方的王振滔循循善诱,"记住,合适才是最好的!"道理虽然简单,但这个注重合适的平衡之术确实让他的部下好好思量了一番。

合适的才是最好的,做什么事情都一样,多大的脚穿多大的鞋,小脚穿大鞋走起路来肯定不方便。找工作也是如此。

现代职业种类多得让人眼花缭乱,但并不是每个人都能胜任任何工作。有人看到别人做某种工作做得很好,就觉得自己同样可以做,但真的做了之后才发现根本不是那么回事。这就是由于职业差异和我们个体差异所造成的。

找到一份合适的工作如同买了一件称心如意的衣服,自己穿了合适,别人看了也觉得舒服。俗话说"量体裁衣"、"量力而行"。在适合自己的工作环境里工作,状态会很放松,无论做什么都觉得得心应手,也很容易出成绩。

选择合适自己的工作的另一个好处,就是可以使你的工作变得轻松有趣,与这个职业相关的知识会掌握的越来越多,专业水平也会不断提高,而且有可能成为同行中的佼佼者。相反,如果一个人选择了不适合自己的工作,很难想象他能在工作中做出成绩。

当我们在选择自己的工作时，都难免心潮澎湃，并且对未来充满了美好的期待，希望自己的工作既轻松又赚钱多，自己的公司像永不坠落的太阳一样兴旺发达，越来越强盛。最终可以享受着公司提供的高福利待遇，舒服而满意地度过自己的职场生涯。

然而享受优越的条件固然是好事，但并不是每一个人都能有这样的机会，受到大公司的青睐。更可能出现的结果是，自己的诸多方面——不论是工作经验还是能力专长——都与大公司的择人标准相距甚远。这时如果你仍然坚持把公司的知名度高低、规模大小、福利好坏、薪酬丰薄等等作为自己择业的第一原则的话，必然会在职场四处碰壁。

一份适合自己的工作，是一个人职业生涯乃至人生的真正开端，它关乎你步入社会成就事业的信心。一个好的开头会使你坚信自己的能力，会推动你一步步迈向成功；而一次糟糕的起跑，肯定会让你在跑道的开始阶段落在别人的后面，这会打击你的信心，对自己的能力产生怀疑，即使你后来居上，甚至超越了别人，那你付出的肯定比别人多得多，从投入产出的角度来衡量是得不偿失的。

所以对于工作，你一定要慎重选择。无数成功人士的经验表明，工作与公司大小或福利好坏无关，它必须要有利于你的学习和积累。因为一个人职业生涯的第一阶段是成长阶段，这个阶段的重点是学习和积累专业经验。只有通过不断地学习，才会不断完善自己，提高自己的业务能力，使自己变得羽翼丰满，彻底告别青涩职场新人的形象，只有这样你才会在将来的工作中，具备较强的工作能力和竞争能力，在激烈的市场竞争中始终处于有利的主动的位置，并做出优异的成绩，不至于因准备不足败下阵来。

选择一个对自己专业能力提高最有利的公司并在工作中努力学习，对于一个人来说是非常重要的。有些人认为大公司更能提供这种机会，而实际上大公司有大公司的好处，小公司也有小公司的优点。

如果你选择大公司，大公司福利好、薪水高，该做什么，不该做什么，公司都规范得很清楚，还可以和许多优秀的人共事，学习他们的优点。相对的缺点就是：比较僵化、学习面有限，待久了容易养尊处优，失去对新环境的适应力。

3. 做鸡头还是做凤尾

在这个世界上，人分为两种：一种人非常希望创业，而且付诸行动，并最终创业成功；另一种则是替别人打工的人，这种人或者根本就不想创业，又或者有创业之心，但由于觉得自己不完全具备创业的条件，所以才没有刻意去追求创业，从而死心塌地的做一个追随者。当然，要成为一把手也最好得从追随者开始。

成功创业的只占极少数，大多数都是希望做一个较安稳的追随者。因此，有了太多替别人"打工"，辅助别人的人。当然，为别人打工并不是一种失败，只要能够很好地寻找到自己适合的位置，让自己的生活比较充实和快乐，就是一种成功了，因为成功很多时候是一种心境和感觉。你觉得你成功了，你就成功了。就如诸葛亮，他不仅享受着刘皇叔三顾茅庐的礼遇，而且还在赤壁之战临危受命、联吴抗曹，"羽扇纶巾，谈笑间，樯橹灰飞烟灭"，最终帮助刘皇叔建立了蜀汉王国，留下一段脍炙人口的千古佳话。你能说他不成功吗？

因此，成功人士也与一般人一样，可以分为创业型的成功人士和帮助别人职业型的成功人士。然而，要成就大业是做一个创业型的成功人士好一些，还是做一个职业型的成功人更好一些呢？

今天，一般成功人士都比较热衷于创业，因为帮助人打工，做得再好也只是推动别人的成功，自己最终还是打工的。

创业就好比是给自己盖起一座房子，无论是风是雨，心里面总有一种踏实的感觉。而给别人打工呢，就好比给别人建造一座房子，你就算把房子建造得再漂亮，也只是获得了房主人的奖励，最终享受这个舒服房子的人还是创业的人。就算这所房子能够让你在里面挡风遮雨一时，但是，你不可能在里面躲避一辈子，当你不能付出什么东西时，你就只有走人。"铁打的营盘流水的兵"，公司是铁打的营盘，而员工是流水的兵。你只有一直做得好，才可以继续做下去，但总有一天你不行了，总有一天公司不在了，那时，你怎么办？

成功人士创业还在于，创业的过程可以让自己的生命质量有一个非常大的飞跃。无限风光在险峰，你要领略成功的激情和欢悦就必须身体力行地去闯。当然这种感觉靠给别人打工，靠别人发工资度日，是很难感受得到的。

创业就好比是种一片森林，而给别人打工，做得再好也只是培育了一棵树。最重要的是，这棵树还是在老板的森林里的。也就是说，这棵树也是属于整个森林的，是属于老板的。

近年来，流行着一句著名的口号："十亿人民九亿商，还有一亿要开张"。中国人的个人创业意识普及率居世界之最。个人创业的念头几乎在每一个中国人的心目中闪动过。为了实现个人价值的最大化发挥；为了解决自己的物质或是精神问题；或者是为了摆脱工作对自己的束缚，个人创业，自己当老板这条路被许多国人视为达到理想彼岸的金光大道。

80年代在改革开放的初期，涌现出来的个体户就是新中国第一批个人创业的典型代表。现在改革开放已过去三十多年了，个人创业的光辉依然强有力的吸引着越来越多的跟随者。当前稳定的政治环境和越来越宽松的商业政策，也对个人创业起到了保驾护航、推波助澜的作用。现在，连许多缺乏基本商业经验和社会经验的大学生也参加到创业大军中来了。

但是，创业不是简单的乌托邦式的理想加信念。光凭一腔热血和美好梦想，是很难顺利到达胜利彼岸的。个人创业，更多的是要通过科学的前期规划，多角度观察，理性分析，有效的资源分析与整合，成熟高效的运作技能，良好的商业心态，等等这些重要的、必不可少的环节与因素来作为支撑，才可能保障创业的稳健起步和持续经营。

而国人对待个人创业问题多的是感性，少的是理性，往往是梦想高过于规划，热情淹没了冷静，这也就是造成了当前个人创业市场的一个矛盾局面。一方面是大量的创业者前赴后继的进行个人创业，另一方面，我们又不得不面对仅仅5％都不到的创业成功率。即便是如此，还是挡不住势头汹涌的新创业者，毕竟，个人成功的希望，渴望享受优越物质生活的强大吸引力还在充当着强大的驱动力。

不管是创业还是打工，都将承受着社会带来的压力。我们每个人都认为，创业能给我们在短时间内带来巨大的财富。但是我们也应该看到，我们要在创业中承担更大的风险和压力，而且会投入我们全部的精力，况且经营不好的话还会使我们一无所有。

虽然打工相对来说比较平稳一些，可是面对居高不下的房价，生活中各个方面的消费，我们的工资又能够应付什么？

那时刚来深圳不久，曾元方就从一个小型火锅店生意开始了她的创业之路。当时，她只有两名小工和她自己，生意也还勉强能够过得去。可是命运就是这样捉弄人，一天她在炒火锅底料的时候，不小心让滚烫的油烫伤，经过医院鉴定，烧伤程度达到深二度和三度，面积达40％。

医生说，这是一个危险的数据，弄不好会有生命危险。但是经过一系列的抢救，终于挺了过来，但生意却从此一落千丈。生意不好，自己又受伤，曾元方完全可以以此为借口，退出艰辛的创业生涯。可是她不仅没有这样做，反而越挫越勇，在脑海中逐渐形成了一个更大的创业

学会取舍：怎样取舍决定怎样的人生

梦想。

而这次的创业点子还得感谢她的那次烫伤经历。在她烫伤后，有一位老乡来看她，无意中透露出他所在的工厂里，工人伙食较差，工人们常常到厂里的办公室投诉，老板对此也感到头疼。老板曾经想把厂里食堂承包给外边专门做饮食生意的人做，如果工人有意见就换承包人。但由于食堂的特殊性，人多嘴杂，要让每一名工人满意是不可能的事，所以一直没人敢接招。

听到这个消息后曾元方就想，一个人在外打工的确不容易，饮食再不满意，工人们自然会对工作失去信心。曾元方的热血开始沸腾，她想如果把这家工厂的食堂承包下来，把饮食搞卫生一点，利润看薄一点，一定是一条生财之道。因此，不管三七二十一，她把先前的一点积蓄全部拿出来，去注册了一家主要从事餐饮经营和管理的公司。

但是刚开始经营并不像想象的顺利，由于公司没有一定的知名度，业务开展也就不顺利。当她正陷入绝望之际，一名老乡给她介绍了一笔业务。她抓住了这个来之不易的机会，用心做好了第一笔业务。当她了解到这个企业大多数工人来自四川和湖南时，她专程从四川和湖南请来了川菜厨师。为了今后业务的发展，在刚开始很长的一段时间里，她几乎放弃了利润这个字眼，因此工厂的老板放心了、满意了。

一段时间后曾元方的公司也终于开始盈利，几乎陷于绝望的她又重新有了新的希望。于是她以此为契机，让不少当地的企业来她的公司参观，不久，她的膳食管理公司就在深圳的中小企业中逐渐有了名气。在接下来的半年时间里，先后和近十家企业签订了膳食管理合同。现在曾元方的公司越做越大，在当地已经是小有名气了。她本人也由一个普通的创业者稳步进入中产阶层了。

许多人认为"宁为凤尾，莫做鸡头"，然而做"凤尾"做得再好也得听命于"凤头"，你必须时刻看"凤头"眼色行事，唯"凤头"

是瞻。

"鸡头"虽然弱小,然而除了可以自由自在摇头摆尾之外,只要站得高、望得远、做得实,等到"乌鸡变成金凤凰"的那一天,"鸡头"自然也就变成"凤头"了。

4. 择你所爱,爱你所择

人生本来就需要做选择,但是一定要做"对"的选择,秘诀就是"择你所爱,爱你所择"。

"刮别人胡子之前,先刮自己的",这正是几年前,徐承义拍过的广告的广告词,徐承义也因此踏进了演艺圈,很多人上门找他拍戏,一时间,演艺前途颇被看好。

不过,徐承义并没有久留,前后大约只维持了两年光景,就毅然脱离演艺生涯。因为他发现,演艺事业并不适合自己,所以一心想找出未来的方向。

结束这份特殊工作后,徐承义卖掉了车子,和朋友转往大陆发展。其实,他的内心很矛盾,不知道做这样的抉择到底是对,还是错。

在大陆的日子非常清闲,没有什么娱乐的时候,徐承义常常在天黑之后,一个人跑到海边钓鱼、发呆。有一天,他独坐海边,远远地望着对岸湛江市区内的灯火,心里突然有一股声音出现:"我这是在干什么,难道一辈子老死在这,无所事事?不如回台湾去开餐厅吧!"

徐承义立即在脑海中搜索,从小到大自己最喜欢的事是什么?"吃"是徐承义认为最有意义的事,他一向是家里烹调高手,没事可以一整天都呆在厨房里"研发","我为什么不好好发挥自己的这项专长呢?"

学会取舍：怎样取舍决定怎样的人生

回到台湾，徐承义紧锣密鼓地展开他的创业大计。一面找人筹募资金，一面到大学选读会计、行销的课程。不久，他的概念式泰国餐厅开幕了，徐承义负责的职务从洗碗、配菜、打杂到掌厨，几乎全套包办，一旦忙起来，每天工作十几个小时，下班回家还抱着食谱继续研究，不忙到深夜不罢休。

看他这么投入，朋友忍不住问他："你干嘛做得那么辛苦?"徐承义回答："因为我找到了最爱。"在他来看，做菜不仅是一门艺术，也等于是在实验室里做实验，只要放入各种元素，就能产生千变万化的结果，乐趣实在太大了! 他笃定地说："我已经打算把'吃'当成一辈子的事业。"

就像许多刚走出校门的年轻人一样，徐承义也曾经彷徨、摸索过。然而，当他决定从自己的"最爱"出发，他很庆幸自己在三十岁以前，终于找到了方向。

还有一个人的经历更为传奇，可以给我们更多的启示。

陶传正是国丰、奇哥两家企业的董事长，可他却放着老板不当半路出家演起舞台剧。舞台上的陶传正，是个十足的耍宝大王，非常放得开。据说，他曾经有过"让观众笑得从椅子上摔下来"的记录。

起初，陶传正只是基于好玩，应邀在太太参与的妇女社团中"牺牲色相"，男扮女装演出蝴蝶夫人、老岳母等角色。有一回，他在台上表演，台下坐的来宾正好是导演赖声川夫妇，陶传正的表演才华就这样被"发掘"出来。

陶传正第一出正式的处女作，是在四年前参与表演工作坊的"厨房闹剧"，他在剧中饰演一名银行家，角色颇具喜剧感。陶传正兴致勃勃地招待一些企业界的朋友前去观赏，有人对他初试啼声的演技大加赞赏，有的朋友却认为他是在作践自己。陶传正不介意别人怎样看他。他说，自己的玩心很重，"经营事业"和"演戏"这两件事，前者对他是副业，后者才是正业，他不讳言，演戏反而让他得到更多的成就感。

不像很多企业家一心只想追求利润，扩充事业规模，陶传正自称是个没有什么企图心的人，"我只想让自己快乐。"他观察，企业界老板不乏把事业摆第一的工作狂，但他认为，即使自己每天拼了命工作十几个小时，业绩成长充其量不过百分之五、百分之十而已，但个人生活却彻底被牺牲了。

他说："人一辈子活着，最好什么都去体验一下，这样的人生才够精彩。"除了演戏之外，年逾五十岁的陶传正也热爱西洋热门音乐、研究古典歌剧、旅行，他还试着去创作歌曲。每个人对生活目标的追求都不同，陶传正自嘲，这辈子最羡慕游手好闲的生活。他感叹地说道："世界何其之大，新鲜好玩的事那么多，唉！只可惜时间太少，想做都做不完！"

5. 苦难中的最佳选择

人的一生中，不如意的事要比如意的事多得多，噩梦的发生都是在不知不觉中。失业、破产、离婚、车祸、得了绝症、亲人过世……只要活着一天，这些痛苦总是一样接着一样，在我们身边来来去去。

最大的问题是，一个人在平静生活中突然被掀起波澜，痛苦足以消耗他的心智，磨损他的意志，甚至会让他在绝望中迷失自己，从而做出错误的选择。他开始咒骂："我这么努力干嘛？所有的事都不合理，都不公平，为什么老天要这样对我！"他几乎相信，已经没有什么值得努力的目标，根本找不到任何活下去的意义了。

当你在人生的赌局中，手握着由命运发下来的牌，你会紧张到不知如何玩下去。可是，你有没有想过，其实还有更加明智的选择，你完全

学会取舍：怎样取舍决定怎样的人生

可以换牌啊！悲剧在所难免，但并不表示你就非得被它打垮，从此与幸福绝缘；而是，你能不能转祸为福，从逆境中重新站起来。

根据心理学研究，一般人面对痛苦，通常有两种反应：消极的与积极的。消极的人，只会依然承受苦难，怨叹命运不公，自艾自怜，一筹莫展；积极的人，则会选择勇于接受考验，并设法把不幸的灾祸转为正面的契机。

某些心理学家称这种积极型反应为"转换型适应"。例如，奥林匹克残障运动选手，就是"转换型适应"中的佼佼者，他们承受痛苦的能力远远超过常人。

意大利的心理学家曾经做过研究，对象是一群因为意外事故而导致半身不遂的病人，他们都是年纪轻轻，但却丧失了运用肢体的能力，可以说命运对他们不公平。不过，绝大多数的患者却一致表示，那场意外也是他们这一生中最具启发性的转折点。

调查中有一名叫做鲁奥吉的青年，他在二十岁那年骑摩托车出事，腰部以下全部瘫痪。鲁奥吉在事后回忆说："瘫痪使我重生，过去我所有做的事都必须重头学习，就像穿衣、吃饭，这些都是锻炼，需要专注、意志力和耐心。"

鲁奥吉以积极面对人生的态度称，自己以前不过是个浑浑噩噩的加油站工人，整天无所事事，对人生没什么目标。车祸以后，他经历的乐趣反而更多，他去念了大学，并拿到语言学学位，他还替人做税务顾问，同时也是射箭与钓鱼的高手。他强调，如今，"学习"与"工作"是他所选择的最快乐的两件事。

的确，生命中收获最多的阶段，往往就是最难挨、最痛苦的时候，因为它迫使你重新检视反省，替你打开了内心世界，从而带来更清晰、更明确的方向。

要想生命尽在掌控之中是件非常困难的事，但日积月累之后，经验能帮助你汇集出一股力量，让你愈来愈能在人生赌局中进出自如。很多灾难在事过境迁之后回头来看，你会发现它并没有当初看来那么糟糕，这就是生命的成熟与锻炼。

心理学家曾经提出过"最优经验"的解释，意思是指，当一个人自觉能把体能与智力发挥到最极限的时候，就是"最优经验"出现的时候，而通常"最优经验"都不是在顺境之中发生的，反而是在千钧一发的危机与最艰苦的时候涌现。据说，许多在集中营里大难不死的囚犯，就是因为困境激发了他们采取最优的应对策略，最终躲过了劫难。

这是基督圣歌中"奇迹的教诲"中的一句歌词："所有的锻炼不过是再次呈现，我们还没学会的功课。"学着与痛苦共舞，才能看清造成痛苦来源的本质，明白内在真相。更重要的是，让你学到了该学的功课。

山中鹿之介是日本战国时代有名的豪杰，据说他时常向神明祈祷："请赐给我七难八苦。"很多人对此举都是很不理解，就去请教他。鹿之介回答说："一个人的心志和力量，必须在经历过许多挫折后才会显现出来。所以我：希望能借各种困难险厄，来锻炼自己。"而且他还做了一首短歌，大意如下："令人忧烦的事情，总是堆积如山，我愿尽可能地去接受考验。"

一般人对神明祈祷的内容都有所不同，一般而言，不外乎是利益方面。有些人祈祷更幸福，有人祈祷身体健康，甚或赚大钱，却没有人会祈求神明赐予更多的困难和劳苦。因此当时的人对于鹿之介这种祈求七难八苦的行为，不给予理解，是很自然的现象，但鹿之介依然这样祈祷。他的用意是想通过种种困难来考验自己，其中也有借七难八苦来勉励自己的用意。

鹿之介的主君尼子氏，遭到毛利氏的灭亡，因此他立志消灭毛利氏，替主君报仇。但当时毛利氏的势力正如日中天，尼子氏的遗臣中胆敢和毛利氏对敌的，可说是少之又少，许多人一想到这是一场毫无希望的战斗，就心灰意冷。可是，鹿之介还是不时勉励自己，鼓舞自己的勇气。或许就是因为这个缘故，他才会祈祷赐予七难八苦。

一般被喻为英雄豪杰的人，他们的心志并不见得强韧得像钢铁一样。像西乡隆盛也有过一段内心黑暗的时期，他曾因觉得前途无望，而想投海自杀。还有在古巴危机发生时，美国肯尼迪总统在下决定之前，据说也是紧张而苦恼的。

在大事即将降临时，人总会感觉内心不安或意志动摇，这是很正常的。面临这种情况时，就必须不断地自励自勉，鼓起勇气，信心败北地去面对，这才是最正确的选择。

6. 成功在于智慧的选择

人人都渴望成功，但是谁都知道成功不是一蹴而就的。成功需要有良好的机遇，同时还必须要付出艰辛的努力。但是还有一个至关重要的因素，就充分利用自己的智慧，做出正确的选择。选择得当，你就与成功有约；选择失误，你就会与成功擦肩而过。下面这个例子就很能说明问题。

齐国的大将田忌很喜欢赛马。有一回他和齐威王约定，进行一场比赛。

他们把各自的马分成上、中、下三等。比赛的时候，上等马对上等马、中等马对中等马，下等马对下等马。由于齐威王每个等级的马都比田忌的强，三场比赛下来，田忌都失败了。田忌觉得很扫兴，垂头丧气地准备离开赛马场。

这时，田忌的朋友孙膑从人群中走出来，拍着他的肩膀，说："从

刚才的情况看，齐威王的马比你的快不了多少呀……"

孙膑还没有说完，田忌看了他一眼，说："想不到你也挖苦我呀！"

孙膑说："我不是挖苦你，你再同他赛一次，我有办法让你取胜。"

田忌疑惑地看着孙膑："你是说另换几匹马吗？"孙膑摇摇头，说："一匹也不用换。"田忌没信心地说："那还不是照样输！"孙膑胸有成竹地说："你就照我的主意办吧。"

齐威王正在得意洋洋地夸耀自己的马，看见田忌和孙膑过来，便讥讽田忌："怎么，难道你还不服气？"田忌说："当然不服气，咱们再赛一次！"齐威王轻蔑地说："那就来吧！"

一声锣响，赛马又开始了。

孙膑让田忌先用下等马对齐威王的上等马，第一场输了。

接着进行第二场比赛。孙膑让田忌拿上等马对齐威王的中等马，胜了第二场。齐威王有点儿心慌了。

第三场，田忌拿中等马对齐威王的下等马，又胜了一场。这下，齐威王目瞪口呆了。

还是原来的马，只是重新选择了一下比赛对象，田忌便以胜两场输一场的战果，赢了齐威王。

大多数人都熟悉这个古老的故事。这个故事蕴含着许多哲理，其中最重要的一条，便是成功在于智慧而巧妙的选择。选择得当，可以变弱为强，可以以少胜多；选择失当，则会坐失良机，甚至变利为害。

当今时代如万花筒一般，瞬息万变，它既让人眼花缭乱，又给人无数机会。似孙膑者，借势而起，扬长避短，由弱变强，甚至创造出石破天惊的壮举；似田忌者，不知变通，举足无措，坐失良机，留下千古遗恨。

实际上，初中毕业生、高中毕业生、大学毕业生不都在经历着重大的选择吗？无需动员，无需声张，这悄悄逼近的选择却迫在眉睫。不论是主动的，还是被动的；不论是坚定的，还是困惑的，选择总是势在必行。

既然懂得了选择的重要性，大家在面临各种选择时，一定要审时度势，让智慧做主，力求让自己做出最佳的选择。记住，你的人生会因你的选择而改变。

7. 男怕入错行，女怕嫁错郎

俗话说：男怕入错行，女怕嫁错郎。不同的职业实际上就是不同的行业。特定的职业，通常意味着不同的发展机会与空间，也决定了不同的生活方式。成功者能在自己所从事的领域出类拔萃，能够以自己的付出为个人赢得尊重，为家庭提供支撑，这就是通常意义上所说的事业有成，这可是人人追求的目标。因此，可以说，选择了一份职业，就等于选择了一生。

由于受各种主、客观条件的限制，在人生有限的时间内，一个人往往只能在特定的行业中取得成功。在择业的时候，一定要清楚所做的选择对于自己人生的重大意义。应该做到准确地预测出自己在这一行业是否会有所发展。其实现实中，所有的职业无所谓好坏，关键看是否适合自己。

人们智能的发展总是不平衡的，不要执意在"贫瘠的土地"上耗费精力，而荒废了"肥沃的田野"。

20世纪初，德国著名化学家奥斯瓦尔德读中学时，父母为其选择了一条学习文学的道路。孰料老师的评价却是："他很用功，但过分拘泥，这样的人即使有很完美的品德，也无望在文学上有所建树。"父母充分尊重了儿子的选择，让他改学油画，但他既不善于构思，亦不会润色，更缺乏艺术的理解力与想象力，成绩在班上倒数第一。老师的评语变得简短而严厉："你在绘画艺术上是不可造就之才。"父母和奥斯瓦尔德并未气馁，主动到学校征求意见。化学老师见他做事一丝不苟，建议他改学化学。奥斯瓦尔德的智慧火花仿佛一下子被点燃了，这位在文学、绘画艺术上的不可造就之才竟成为公认的在化学方面"前程远大的高材生"。1909 年，奥斯瓦尔德获得诺贝尔化学奖，成为举世瞩目的科学家。

人在不同的领域其价值的实现程度有一定差别，有时这种差别是让人难以想象的，所以我们才说"女怕嫁错郎，男怕入错行。"事实就是这样，做自己擅长的事情更有可能脱颖而出；选择一个有发展前途的职业，随着时间的推移，你会有更加光明的前途。既不要盲目地去选择热门职业，也不必专门找有实力的单位。一句话，职业看适合，单位看发展，选择看眼光。

一个人是否真正认识自己，体现在职业生涯中的关键就是定位问题。个人定位是一个很主观的过程，即使他有正确的观念和方法，仍然容易出错。定位的错误将导致职业生涯的失败，因此，我们必须理解定位中各种可能的错误，为自己做出一个正确的定位。

个人定位中，以为凭借自己特定的能力、素质、专长、吃苦等要素就可以获得成功，这是走进了"专业"的误区。比如，你学的是地质外语，这是一个十分冷僻的专业。大学毕业之后，你不愿意放弃自己的专业，做普通的翻译，因此就继续就读研究生，以为自己水平提高之后，就会从事自己的专业。毕业之后，可依然很失望，还是没有合适的岗位。

作为一名刚刚走上事业通道的人，怎样才能在职业生涯的坐标上定好位呢？具体说来，应该在以下三个要素上认清自己。

首先是兴趣。兴趣是事业的成功之母，兴趣广泛，能够使我们感受

学会取舍：怎样取舍决定怎样的人生

到生活的丰富多彩，增添生活的乐趣。生活犹如大海，有时波浪滔天，有时风平浪静；有时是阳光明媚的晴天，有时又是布满阴云的雨夜。在平时的生活中，有一些兴趣爱好，可以放松自己，起到调剂精神的作用。马克思喜欢音乐，恩格斯爱好散步，列宁善于狩猎，毛泽东在高龄时还畅游长江。虽然他们都是伟人，但兴趣爱好并未泯灭。所以，我们应当注意到自己的职业兴趣，一个人对某种职业感兴趣，就会对该种职业活动表现出肯定的态度，并积极思考、探索和追求。职业兴趣总是以社会的职业需要为基础，并在一定的学习与教育条件下形成和发展起来的，是可以培养的。虽然某种职业兴趣一经形成就具有一定的稳定性，但根据实际需要，还是可以通过多种途径，加上自己的努力去改变、发展和培养的。

其次是气质。气质是事业适应的晴雨表，每种气质类型也有其较为适应的职业范围。在适应性职业领域，每种气质类型的人能发挥其优点，避免其缺点。气质会影响人活动的特点、方式和效率，所以一定的职业活动的顺利进行，要求从事者必须具有某些气质特征。如军事指挥、外交人员需要控制情绪的兴奋性，表情不外露；而演员、营业员、推销员则更需热情奔放、情绪舒展、笑口常开。气质使人在心理活动和行为方式上具有独特色彩，但它并不标志一个人智力发展水平和道德水平，更不能决定一个人的社会价值和成就前途。每种气质类型都各有优缺点。如多血质思维灵活、反应迅速、好交际、敏感，但易变浮动、急躁不稳；胆汁质直率热情、精力旺盛，但失之鲁莽、惶于冲动、准确性差；黏液质的安静沉稳、自制忍耐，但反应缓慢、朝气不足；抑郁质的细腻深刻、踏实细致，但多愁善感、孤僻迟缓。在社会工作中，不同的职业，需要不同气质的人；但对一个人而言，应当对号入座，你的气质应适应于你的职业，只有这样，你才能在工作中有所成就，有所发展。

第三是性格。性格决定着个人的命运。人们说，秉性暴烈的人，跟

人打交道的职业干不了；性格深沉的人，适合搞科研；性格温和的人，最适于当培养幼苗的园丁。那么，什么叫性格呢？它是你对现实的一种稳固的态度以及与之相适应的习惯了的行为方式。它不仅表现在对人、自己的态度上，同时也表现在对职业生涯的选择和态度上。开朗、活泼、热情、温和的性格，一般较适合从事演艺娱乐、新闻系统、服务行业以及其他同社会与人群交往较多的行业；深沉、严谨、好奇心强、喜欢追根究底的性格，比较适合于从事科研、教学方面的职业活动；做事马马虎虎的人，显然不适合做需要特别细心的外科医生；当一名职业军人，勇敢、沉着、果断与坚定则是必不可少的性格。

你的性格与你是否能适应某种职业生涯有着很大的关系。如果你从事的职业与你的性格相适应，你工作起来就会感到得心应手，心情舒畅，也就容易在工作中取得成就。如果你的性格特点与你所从事的职业不相适应，这种性格就会阻碍你工作任务的完成。

生活中的每个人在择业时，都应该选择自己喜欢和擅长的工作，这样才有可能在自己所从事的领域内取得令人瞩目的成绩。当知道自己在择业时走错了方向，就一定要果断地纠正自己的错误，掉转头朝正确的方向走，这样才会到达理想的目的地。如果明知错了还要继续走，最终就会一败涂地。因此，我们在择业时有一个原则不能变，那就是一定要"入对行"，选择自己最擅长的工作。

8. 选择朋友就是选择人生

林肯曾说过一句话："从某种意义上说，你选择了什么样的朋友，便选择了什么样的人生"。就像三国时蜀主刘备，如果当初没有他在桃园与关羽、张飞结为兄弟，又在隆中三顾茅庐选择卧龙诸葛亮，就很难

学会取舍：怎样取舍决定怎样的人生

三分天下，建立蜀汉帝业。

一个人选择什么样的朋友，对自己的思想、品德、情操、学识都有很大的影响。俗话说："近朱者赤，近墨者黑"，"近贤则聪，近愚则聩。"古人很重视对朋友的选择。孔子曰："君子慎取友也。"品德高尚的人，历来受人推崇，也是人们愿意结交的对象。而品德低劣的人，却常常被人所鄙视，当然也不排除"臭味相投"的"酒肉朋友"。

实际上，每个人不管自觉或不自觉，他们交朋友总是有所选择的，总是有自己的标准的。明代学者苏竣把朋友分为"畏友、密友、昵友、贼友"四类，如此划分便可明白：畏友、密友可以知心、交心，互相帮助并患难与共，是值得深交的；那些互相吹捧、酒肉不分的昵友，口是心非，当面一套，背后一套，有利则来，无利则去；还有可能乘人之危损人利己的贼友，那是无论如何也不能结交的。

法国科学家法拉第说："如果你想了解你的朋友，可以通过一个与他交往的人去了解他。因为一个饮食有节制的人自然不会和一个酒鬼混在一起；一个举止优雅的人不会和一个粗鲁野蛮的人交往；一个洁身自好的人不会和一个荒淫放荡的人做朋友。一句西班牙谚语说："和豺狼生活在一起，你也能学会嗥叫。"

即使是和普通的、自私的个人交往，也可能是危害极大的，可能会让人感到生活单调、乏味，形成保守、自私的性格，不利于勇敢、刚毅、心胸开阔的品格形成。甚至很快就会变得心胸狭隘，目光短浅，原则性丧失，遇事优柔寡断，安于现状，不思进取。这种精神状况对于想有所作为或真正优秀的人来说是致命的。

与那些比自己聪明、优秀和经验丰富的人交往，我们或多或少会受到感染和鼓舞，增加生活阅历。我们可以根据他们的生活状况改进自己的生活状况，成为他们智慧的伴侣。

与优秀的人交往，就会从中吸取营养，使自己得到长足的发展；与品格高尚的人生活在一起，你会感到自己也在其中得到了升华，自己的心灵也被他们照亮。

印度传教士马丁的生活，似乎完全是受了一个在初级中学学习时的朋友的影响。

马丁是一个相当愚笨的学生，但他父亲还是决定让他接受大学教育。在剑桥大学里，马丁认识了在初级中学的一位伙伴。

从此以后，这位稍长的学生成了马丁的指导教师。马丁能够应付自己的学业，但是仍然容易激动，脾气暴躁，偶尔会发泄自己难以抑制的愤怒。但他这位年纪稍大的朋友却情绪稳定，富于耐心。他时时刻刻照顾、指导和劝勉自己这位易怒的同学。他不允许马丁结交邪恶的朋友，劝他认真学习。"这不是要得到别人的称赞，而是为了上帝的荣耀。"这位朋友的帮助使马丁在学习上进步很快，在第二年圣诞节的考试中他名列年级第一名。

后来，马丁成了一位印度传教士，给了很多人以无私的帮助。

爱默生说："那些到一个新国家定居的人，一个善良可信的人抵得上一百个虚伪而不讲信用的人，抵得上十个没有品格的人。"而大家熟悉的布朗船长这个榜样具有很强的感染力，几乎所有的人都受到了直接和有益的影响，在不知不觉中，他提升了人们的品格，使人们的生活和他一样充满活力。

如果马克思没有选择恩格斯这位真诚的朋友，他恐怕就不会在社会科学领域里建立起他的理论学说，也就不会有伟大的著作《资本论》。

所以，和那些优秀的人接触，你会受到良好的影响。

俗话说："物以类聚，人以群分"。志同道合，情趣相投，是择友的一个标准。志向不同，情趣有别，友谊不可能长久的，早晚分道扬镳。"管宁割席"的典故就是个典型例子，管宁热衷读书做学问，而华歆则热衷于官场名利，两人缺乏做朋友的共同思想基础，割席而坐是必

然的。

孔子说："与善人居，如入芝兰之室，久而不闻其香，即与之化矣。与不善人居，如入鲍鱼之肆，久而不闻其臭，亦与之化矣。"墨子有更形象的比喻，他把择友比作染丝，"染于苍则苍，染于黄则黄，所入者变，其色亦变。五入而已为五色，故染不可不慎也。"与高尚的人在一起，你也会感染上他的气质

"朋友多了路好走"，朋友多——好朋友越多，我们受益越多。学无止境，学问再大的人也有不懂的东西。与其出泥而不染，何不从一开始就择其善者而从之。孔子说："三人行，必有我师焉。"圣人尚且如此，我们在结交朋友时，也可尽量选择有学识的人。

当然，水至清则无鱼，人至清则无徒。对朋友也不能求全责备，自己本来就是不完美的，朋友又是双向的。如果人人都要求结交比自己有学问的人为友，那么到头来只能是谁也没有朋友。正所谓"尺有所短，寸有所长"，朋友相交贵在有所补益，有所予有所取才是"交往"。

古人的择友之道，我们可以借鉴，但不能照抄照搬，也不要为其所拘束，对友人过于苛刻。择友的标准各有不同，也应该从个人实际出发，慎重选择，朋友可多交，但不可滥交。

9. 幸福婚姻的心态选择

对大多数人而言，拥有豪宅、名车和挚爱的伴侣是世间最吸引人的事情。事实上，吸引人的东西之所以吸引人，它的对象不光是对它充满了渴望的人，而是对于所有的人都会有一种心理撩拨的作用。婚姻是双方长相厮守的承诺，但许多时候，各种机缘巧合，会有一位非常迷人的

异性进入我们的视线或生活，这个时候就需要你有足够的智慧去分辨这样的目标会不会是一个危机四伏的诱惑。

有一部好莱坞大片叫做《桃色交易》，片中讲述的是一对年轻夫妇的爱情故事。这对夫妇本是令人羡慕的一对，男的英俊潇洒，女的温柔漂亮，他们都受过很好的教育，有着不错的职业，两人非常恩爱，为了小家庭而努力工作。然而天有不测风云，经济大萧条来了，他们先后失业，一个月后，也将失去他们分期付款的房子。就在此时，一位亿万富豪闯入了他们的生活，这位富豪风度翩翩，优雅迷人，他对貌美如花的女主人公一见钟情，提出愿出 100 万元来与她共度良宵。起初，这对夫妇毫不犹豫地拒绝了他，但随后却陷入巨大的矛盾之中：就一夜，即可彻底摆脱目前所有的困境；而且在婚前又不是没有过别的约会……最后女主人公去了富豪的游艇……

但在这一夜后，两人无论如何也找不回原来恩爱的感觉，再没有从前的默契，心里都有一种失落感。是女人为家庭做出了牺牲还是没有经受住诱惑？答案已经无法深究。两人分手了，那 100 万元也没有带来他们渴望的喜悦。当然，影片的结尾是两人经过一番波折后，又重归于好，因为他们仍然深爱着对方。

这种"桃色交易"只是电影中的一个故事而已，但不可否认的是，现实生活中我们也会有毫无预料的情况下经受婚姻外诱惑的考验。我们彼此深爱着对方，但却有位新的异性吸引了我们的目光。这种吸引是否正常？是否道德？应该说，这种吸引是正常人的正常反应。吸引毕竟只是一种心理上的反应，它使我们产生了一种对美好事物追求的幻想。但千万不能随便把这种幻想当成可以达到的目标而不顾一切地追求，这种追求是盲目的不负责任的，尤其在婚姻感情方面，因为一时情绪冲动做出有违社会道德的事，是非常愚蠢的。结婚是一种事实，但是它不会使我们深藏的人性完全隐匿起来，对于美的追求，对于刺激的向往都是时常可能发生的事情。尽管一个人可以被成千上万不同的人挑逗，例如，很多人会因为看到自己喜欢的电影、喜欢的明星而感到兴奋，但是大多数人绝对不会为此而毁了自己幸福的婚姻。作为婚姻的另一方，也应该对这种情绪的产生有所准备。毕竟我们每个人不可能同时具备那些吸引人的所有要素，所以当自己的妻子或者丈夫产生这种幻想的时候，我们不要过于气愤和紧张，不要过度地干涉，而要充分相信自己，相信对方的理性，相信共同的感情基础。

世间流传着这样一个传说，即在很早以前男女是合体的，但是由于某种原因触犯了上天的神灵，被天雷劈成了两半。所以人的一生都在寻找他（她）的另一半，尽管路途遥远而艰辛，尽管有的人找到了，有的人没有找到。而电影和电视剧也常顺着这个思路不断地重复相同的情节：有个特别的人在这个世界上的某个地方正在等着自己，当我们遇到这个冥冥之中注定要和我们在一起的人时，一生的幸福就会降临在自己身上。当我们和这个人结合在一起的时候，我们不仅彼此深爱着对方，而且会忘了别人的存在，无视于别人的魅力。

这是一个多么幼稚的想法和逻辑啊！美丽动人的女人，英俊潇洒的男士都或多或少地会在我们心中激起一丝异样的感觉。只是人是有理性的动物，应该考虑自己的责任和做人的原则，不应像飞蛾扑火一样，为了一时的冲动，就可以做出不计后果的事来。你可以"恨不相逢未嫁时"，留下一份美丽的遗憾，恢复你正常的生活；你可以把他（她）当作偶尔投影在你心波的云彩，珍藏那一美丽的瞬间，潇洒地挥手走人。当然，你也有权利重新选择，进行家庭的重新组合。你确信现在的爱人不值得你去厮守，你是否应抛开一切去找寻你的幸福？当另外一个吸引人的异性出现，你会不会再重新选择？即使你想清楚了，做出这样一种决定，也一定要正大光明地讲出来，万不可苟且行事。

客观的诱惑是存在的，盲目的逃避是一种胆怯，频繁的追求是一种放纵。对爱要选择一种正确的心态，要正视自己的婚姻，对自己及他人负责任。

10. 为你选择的目标付诸行动

在我们所接触的人中，有 80% 的人不满意他们的生活，但他们心中又缺少一个他们所满意的生活的清晰图样。可以想象那些人终生无目的地漂泊，他们胸怀不满、抱怨、反抗，他们可能知道自己真正想要什么，他们或许也有自己的选择，只是他们懒于行动。

邦科是某杂志社的一名编辑。他小时候就沉浸在这样一种想法中：总有一天他要创办一份杂志。由于他树立了这个明确的目标，就开始寻找各种机会，并且他终于抓住了一个机会。这个机会实在是微不足道的，以致我们大多数人都会随手丢弃，不肯多加理睬。

事情是这样的：一天，邦科看见一个人打开一包香烟，从中抽出一张纸片，随手把它扔到了地上。邦科弯下腰，拾起这张纸片。上面印着一个著名的好莱坞女演员的照片，在这幅照片下面印有一句话：这是一套照片中的一幅。原来这是一种促销香烟的手段，烟草公司欲促使买烟者收集一整套照片。邦科把这个纸片翻过来，注意到它的背面竟然完全是空白的。

像往常一样，邦科感到这会是一个机会。他推断，如果把附装在烟盒里的印有照片的纸片充分利用起来，在它空白的那一面印上照片上的人物的小传，这种照片的价值就可大大提高。并且这不仅仅只是邦科的"转念一想"，重要的是他开始行动了。首先邦科找到印刷这种纸烟附件的公司，向这个公司的经理说出了他的想法。这位经理立即说道："如果你给我写 100 位美国名人的小传，每篇 100 字，我将每篇付给你

上篇

学会取舍：怎样取舍决定怎样的人生

100美元。请你给我送来一份你准备写的名人的名单，并把它分类，你知道，可分为总统、将帅、演员、作家等等。"

邦科因为自己的行动而有了实实在在的收获。他的小传的需求量与日俱增，以致他必须得请人帮忙。于是他找他的弟弟迈克尔帮忙，如果迈克尔愿意帮忙，他就付给他每篇5美元。不久，邦科又请了几名职业记者帮忙写这些名人小传。就这样，邦科后来竟然真成了《名人》杂志的主编！圆了自己的梦！

现在回过头来看，起初，命运对邦科并不是特别眷顾。然而他并没有抱怨，而是抓住机会，用行动开创了令人满意的事业。所以，我们要注意到这个事实，没有什么人会把成功送到我们手里，任何获得了成功的人，首先都有渴望成功的心态，重要的是付诸行动。

如果邦科的成功或多或少是靠机遇的话，那么另一个人的成功则将给我们更多的启示。

几年前，南卡罗来纳州一个高等学院早早地通知全院学生，一个重要人士将对全体学生发表演说，她是美国社会中的顶级人物。

那个学校规模不大，学生和师资相对其他美国的学校稍差一点，因此，对能邀请到这样一个大人物学生都感到特别兴奋，在演讲开始前的很长时间，整个礼堂就都坐满了兴高采烈的学生，大家都对有机会聆听到这位大人物的演说高兴不已。经过州长的简单介绍后，演讲者步履轻盈面带微笑地走到麦克风前，先用坚定的眼光从左到右扫视一遍听众，然后开口道：

"我的生母是个聋子，因此没有办法和人正常交流，我不知道自己的父亲是谁，也不知道他是否还在人间，我这辈子找到的第一份工作，到棉花田里去做事。"

台下的听众全都呆住了，面面相觑，这时，她又继续说："如果情况不尽如人意，我们总可以想办法加以改变。一个人的未来怎么样，不是因为运气，不是因为环境，也不是因为生下来的状况，"她轻轻地重复才说过的话，"如果情况不尽如人意，我们总可以想办法加以改变。一个人若想改变眼前充满不幸或无法尽如人意的情况，只要回答这个简单的问题：'我希望情况变成什么样？'然后全身心投入，采取行动，朝理想目标前进即可。这就是我，一位美国财政部长要告诉大家的亲身体验，我的名字是阿济·泰勒·摩尔顿，很荣幸在这里为大家作演说。"

简短的演说留给人们的却是深深的思考。一个人的出生环境无法改变，但他的未来却可以靠自己谱写，关键是你用怎样的行动去创造未来。给自己一个期许，立下一个目标，并付诸积极的行动，用积极的心态去面对可能出现的各种困难，每个人的未来都会很精彩。

11. 选择好的心态，才会有好的人生

对事物的看法，没有绝对的对错之分，但有积极与消极之分，而且每个人都必须要为自己的看法承担最后的结果。

消极心态者，对事物永远都会找到消极的解释，并且总能为自己找到抱怨的借口，最终得到消极的结果。接下来，消极的结果又会逆向强化他消极的情绪，从而又使他成为更加消极的人，而这其实就是一个选择的结果。

陈女士和刘女士一起在市场上经营服装生意。她们初入市场的时候，正赶上服装生意最不景气的季节，进来的服装卖不出去，可每天还要交房租和市场管理费。眼看着天天赔钱，这时陈女士动摇了，她以认赔5 000元钱的价钱把服装店盘了出去，并发誓从此不再做服装生意。而刘女士却不这样想。她认真地分析当时的情况，觉得赔钱是正常的，一是自己刚刚进入市场，没有经营经验，要抓住顾客的心理，当然应该

学会取舍：怎样取舍决定怎样的人生

交一点学费；二是当时正赶上服装淡季，每年的这个季节，服装生意人也都不赚钱，只不过是因为别人会经营，能够维持收支平衡罢了。而且，刘女士对自己很有信心，知道自己适合做服装生意。果然，转过一个季节，刘女士的服装店开始赚钱。3年后，她已成为当地有名的服装生意人，每年有5万元的红利。而陈女士在3年内改行几次，都未成功，仍然一筹莫展。

刘女士为什么能成功，因为她的心态是积极的，她总是将事情向好处看；陈女士为什么会失败，因为她所选择的心态是消极的，她总是将事情向坏处看。

做人最大的敌人就是消极的心态，这种心态常常把我们吓倒。要想走向成功，就要有积极的心态，并清除和控制消极失败的想法。

自卑症、借口症、恐惧症和忧虑症是消极心态的具体表现，其他消极心态表现在悲观、压抑、偏见、固执、僵化、自我意识太强，过分追求十全十美、一蹴而就的心理；急躁、不讲方法的蛮干，冲动心理；畏难而退的心理，内疚悔恨，沮丧泄气，愤怒嫉恨……真是太多了。这些消极的想法常常光顾我们的头脑。它们像毒菌一样侵害我们的心灵。如果不加抵制，它们便会迅速繁殖扩散，使我们整个人生走向消极和失败。

长期受多种消极心理影响的人，几乎像得了癌症一样，从里到外，都表现出"我不能"、"我不行"、"我不要"等无能的症状。

从某种程度上说，生活的意义就是要能够完全地发挥自己的能力，寻找自己在社会中的位置，让自己和社会共同发展，并找到实现个人价值和社会价值之间的最佳平衡。

那些活得太累的人，就是因为他们总是把生活问题复杂化，不明白大道至简的道理，才会疲累抑郁，烦恼丛生。

人是很奇怪的，对同样的一件事，今天可能这样看，明天也可能就

那样看。人生中的某些艰难与不顺，甚至危险与可怕的事件，往往也就在"这样"或"那样"的心理上事先形成了。说"事先"是因为人的动态左右了许多事情。世间的不少事，皆是人为造成的，是人的动念起因，决定了那个后果。人想去谋利，想去得名，或想去做贼，或想变得崇高，这些想，都是"事先"动念。念先有了，事才会跟上。

生活的快乐与否，完全决定于个人对人、事、物的看法如何，因为，生活是由思想决定的。有什么样的思想就会有什么样的生活。

由此我们懂得了思想的重要性。只要知道你在想些什么，就知道你是怎样的一个人，因为每个人的特性，都是由思想造成的。我们的命运，完全决定于我们的心理状态。爱默生说："一个人就是他整天所想的那些……他怎可能是别种样子呢？"

我们现在很清楚地知道，你我所必须面对的最大问题——事实上，几乎可以算是我们需要应付的唯一问题——就是如何选择正确的思想。如果我们能做到这一点，就可以解决所有的问题。曾经统治罗马帝国的伟大哲学家马尔卡斯·阿理流士，把这些总结成一句话——决定你命运的一句话："生活是由思想造成的。"

不错，如果我们想的都是快乐的事情，我们就能快乐；如果我们想的都是悲伤的事情，我们也许就会悲伤；如果我们想到一些可怕的情况，我们就会害怕；如果我们总有不好的念头，我们恐怕就不会安心了；如果我们想的净是失败，我们也许就会失败；如果我们沉浸在自怜里，大家都会有意躲开我们。诺曼·文生·皮尔说："你并不是你想象中的那样，而你却是你所想的。"

安东尼奥斯说过："如果一个人不认为自己是快乐的，他就不可能快乐。"菲尔普斯也说过："世界上最快乐的人是那些具有有趣想法的人。"

这正是积极心态的关键所在，其实，万物早已存在，当你觉得心情舒畅时，你会情不自禁地表现出快乐的神情。其次是要思想正确。要好好对待自己的心灵，积极地思考。一个积极思考者常会有意识地使自己保持心情愉悦。你期望快乐，便会找到快乐。你寻找什么，便会发现什么。记住，你完全可以支配自己的心态。正像戴尔·卡耐基所说："一个对自己的内心有完全支配能力的人，对他自己有权获得的任何东西也会有支配能力。"当我们开始运用积极的心态并把自己看成是成功者时，我们就开始成功了。由此可见，心态决定了一切，心态决定了你的人生，就看你做出什么样的选择了。

12. 靠人与靠己的取舍

有人说："靠别人不如靠自己。要相信自己就是一座富饶的矿山，只是自己还没有完全挖掘而已。"

的确，每个人的潜能都是不可估量的，有的人可能只发挥了自己十分之一的潜能，而有的人的潜能却一生都没有被挖掘。许多人的失败在于，对于要去做的事情都认为自己是无法承担的，这种"不能"和"不会"的思想严重束缚了自己，熄灭了自己行动的勇气。好多人是在干的过程中不断发现自己的潜能，他们在这期间逐渐挖掘自己的能力，促使自己一步步迈向成功的顶峰。

每个人都拥有与众不同的能力，有一个名叫王进的人，原来在一个国营企业工作，虽然生活不富裕，但日子过得比较安稳。每天按时上下班，也用不着很辛苦，因此王进也没有大的进取心，并且他认为自己人到中年，已经不适应市场经济的竞争状态，于是经常满足于现状。但是，这种平稳的日子没过多久，企业因为改制就让王进提前内退了。王进刚开始痛苦万分，后来也想开了：在市场经济改革的大潮中，有多少

人像自己一样的处境，为什么别人都能走出困境，而自己就不行呢？于是，他利用自己的特长开了一个装饰公司，结果短短几年就获得了巨大的成功。

一个人必要的自信是绝对需要的，但是过分的自信却容易使有益转为有害，让自己陷入狂妄自大、听不得别人半点意见的泥潭。丧失自信和过分自信都是不可取的。假如过分自信，那么就会自我感觉良好，认为自己的言行都是一贯的正确，常常会高抬自己，低看别人，经常会武断专行，结果招致人生的失败。

"智者千虑，必有一失；愚者千虑，必有一得"。人的智慧是有限的，如果将他人的智慧"借"过来，岂不多了几分智慧。

一个人的价值判断、社会历练、人生经验由于受到环境的影响会呈现出不足之处。此外，一个人的专长也只可能有一两种，当面对复杂的社会环境时，这些基本条件就不够用了，因此"借用"别人的智慧，可以弥补自己智慧的不足。

"吾任天下之智力，以道御之，无所不可。"这是曹操攻占冀州后说的一番话。冀州是袁绍的老巢。汉末黄巾起，天下分崩，其时袁绍作为中原地区最大势力的军阀，执掌了联军首领的牛耳。曾几何时，袁绍官渡兵败，郁闷病死。冀州被曹军占领。曹操攻下冀城，到袁墓设祭，且"再拜而哭甚哀"。他对众官说，当年和袁绍起兵，袁问他："如果不成功，将依赖什么过活？"曹操说："你的意见如何呢？"袁绍说："我将南据黄河，北守燕、代之州，兼拥有沙漠腹地，南向以争天下。"曹操便答了上面的话。袁、曹二人，各依地域、经济、军力和智力作战，而终让曹操胜了袁绍，掌管了北中国。

袁绍拥有幅员广阔的地盘和实力雄厚的军队，也拥有像田丰、沮授、陈琳、审配等杰出的文士。袁绍却只知"据河阻燕"，看重自己的实力，不把那些如无价之宝的谋士放在心上。并且他还鸡肠小肚，容不

学会取舍：怎样取舍决定怎样的人生

得别人胜过自己，把田丰、沮授都杀了。而曹操与他相反，懂谋臣的价值，许攸投靠他时他跣足相迎，审配、陈琳被抓到时他仍劝降，表现了爱才惜才的一片真心。只是审配决意死节，才斩而厚葬。陈琳被刀斧手捉至，曹操说："你为袁绍拟檄，数落我的恶行是可以的，可为什么要侮辱我的祖父呢？"陈琳说："箭在弦上，不得不发。"左右都劝曹操杀了他，曹操怜其才，不但予以赦免，还给了陈琳相应的官职。

曹操广纳天下名贤，"御智以取天下"，是十分英明的一项决策。刘邦说过，他用兵不如韩信，谋算不如张良，治国不如萧何，但他能用他们之所长，而终成为君主。曹操的话与汉高祖有异曲同工之妙，所以他比袁绍高明，"御智"比"据地"显示了优势。

今之做领导的，不知听了曹孟德此话有何感想。倘只想学他的权术、奸诈，而不学他的容人、爱才和用才，则是大错特错了。有些领导为维护自己的名誉，故作高深，不许别人说一句。开会、决策，全听他一个人的。这是有"智力"而不"御"，又焉能做曹操的一番宏业呢？有些领导好发宏论，卖弄学识，而实际只成空论，无一可实行的。这种人说穿了，是既要做刘备，又要做诸葛亮。

荀子曰："吾常跂而望矣，不如登高之博见也。登高而招，臂非加长也，而见者远；顺风而呼，声非加疾也，而闻者彰。假舆马者，非利足也，而致千里；假舟楫者，非能水也，而绝江河。君子性非异也，善假于物也"。

成功的人都善于借用别人的智慧，有些公司专门聘用高级顾问，做重大决策之前必先开会讨论，遇有特殊事件，必找专家研究，这就是在借用别人的智慧。因此也可以说，他们因为善于借用别人的智慧而得以成功，或提早成功！

"三个臭皮匠胜过一个诸葛亮"、"愚者千虑，必有一得"。你可以与若干不同行业的朋友保持联系，让他们成为你的"智囊团"。你也可以针对自己的需要，参加各种演讲、座谈，而最方便的莫过于读书，书是人类智慧的结晶，"借用"这种智慧，岂不太方便了！

借用别人的智慧来做事，不仅可以把事情做得又快又好，还可以使你避免主观、武断。人与人之间的才智水平高低不一，你的才智如何呢？

尽管你认为自己才高八斗，虽有别人不能及之处，但也有不及他人之处。借用别人的智慧吧，这样做你才是最聪明的人！

上篇

学会取舍：怎样取舍决定怎样的人生

第二章
对得与失的态度决定取与舍的方式

1. 得失不必挂心上，乐观豁达就逍遥

人生于天地间，则立于世，行于世。立身处世，当从大处着眼，小处着手，不为权势利禄所羁，不为功名毁誉所累。明察世情，了然生死，方可做到旷达。能持性而往，能临危不惧，能以本色面世，不费尽心机，不为无所谓的人情客套礼节规矩所拘束，能哭，能笑，能苦，能乐，真实自然，保持自己的个性特点，岂不快哉！

陶渊明因被生活所迫，不得已而为仕。29岁时，他曾当过江州祭酒，但不久便自动辞职回家种田。随后，州里又请他去做主簿，他不愿意接受。到了40岁，他为了解决家里的生活困难，又到刘裕手下做了镇军参军。41岁时，转为彭泽县令，但只做了80多天，便辞职回家。从此以后，他再也不愿意出来做官了，而愿亲自种田来养家糊口，过着一种十分清淡贫穷的日子。

辞官回家以后，陶渊明仿佛从一个乌烟瘴气的地方突然来到了空气清新的花园，心情豁然开朗。他立即写了一首辞赋，题目叫《归去来辞》，以表达自己厌恶官场，向往自由生活的心情。从此以后，他带着老婆、孩子一直过着一种耕田而食、纺纱而衣的田园生活。平时有空闲，陶渊明就写诗作文，以寄托自己的思想感情，后来，成了晋朝一位杰出的诗人。

有旷达之性，方可逍遥于世，轻松做人，从容处世，这是陶渊明所诠释给我们的人生哲学。而我们往往以自我和他者两相对峙的立场去考虑问题，从而迷失于个人得失的深渊里。

我们在此打个比方吧。两条船并排过河，如果一只船是空的，两船碰撞，另一只船上的人也不会发脾气；如果那空船上有一个人，那船要撞过来时，这船就会让开，船上的人还大声呼喊，要那船上的人注意。如果那船上的人不听，这船上的人就会发出警告。再三之后，就会恶语相加。有人和没人的区别就是这样大。把意气、地位、物质这些身外之物抛开，不就是一个很有修养的人嘛！

我们每天都和别人打交道，有君子有小人。即使朋友中，有的人为名利所驱，往往也会做出有失道义的事来。

逍遥旷达不是要求做到无欲，而是淡看各种名利之欲。淡看之后，则可生旷达。有了旷达之后，人生自然逍遥了。

庄子说得好："我愿意活着，在沼泽里摇头摆尾，自由自在。"

苏东坡也说："我之所以能每时每刻都很快乐，关键在于不受物欲的主宰，而能游于物外。"

人，一旦不能像东坡先生说的"游于物外"，而是沉浸在没有穷尽的物欲中，成了"物"的奴隶，那还有什么真正的人生乐趣呢？钱，可以使人不择手段；名，可以使人变得虚伪；欲，可以使人失去理智；权，可以使人胆大妄为……君不见，在种种物欲的引诱下，善男信女蜕变为不法之徒，政府官员沦为阶下之囚。这种"游于物内"，为物所役，不仅失去了人生的乐趣，也失去最起码的良心和道德。

实际上，也正是这样一种旷达的人生思想帮助苏东坡在逆境中保持着对生活的信念和乐观态度。

人，也只有摆脱了外界的奴役，自己主宰自己，才能永葆心灵的恬静和快乐。游于物中而超然物外，官大官小不系于心，钱多钱少无所

上篇

学会取舍：怎样取舍决定怎样的人生

谓，有名无名也不在乎，穷富得失淡然处之，这样不就无往而不乐了吗？

2. 平平淡淡，从从容容才是真

在现代社会里，人与人之间的交往，大多都是鄙视那些表面满口仁义道德，活在虚假的礼法上，心里却肮脏阴险的不义之人的。借着高尚、严肃的名分，伪装出关心、爱护、正直、无私、严词说教，不仅严重地诋毁了人类本真的感情，也伤害了人们应有的尊严。古人提倡风流人生，"宁为真学士，不为假道学"，是指有才学而又不拘礼法。真"风流"，一个人是不能活得太虚伪，太不真实的。真实一点，自然一点，也许这会使你感觉更好呢！

今天，我们倡导追寻一种幽默浪漫（幽漫）的生活方式，幽默浪漫的品性是性格健全的外在显示，心理保健的内在培育；是立身处世的灵丹妙药，也是人际交往的润滑剂、加油站；是生存的一种立身谋略，是一把处世利刃，也是心灵修炼的一份涵养，暗含着中国传统儒、释、道的生存智慧；是一个民族新鲜活力的保育室，也是社会完美和谐、人性化的催化剂；是中外名家热情讴歌的主题，也是人们孜孜不倦追求的目标；是东方文明超然物外时的极致发挥，也是东方文明入世随俗时的缺憾不足；幽漫，散发青春朝气的字眼，抒发着人生内涵的智慧；幽漫是阳光明媚的清晨，幽漫是夏雨过后的宁静；幽漫是丽人的笑靥，美好、惬意、向往、又远离敌意；幽漫是温香的玉，高洁、名贵、没有丝毫杂质；幽漫是一种别样的生活，坦荡、磊落、欢乐钟情；幽漫是一份上帝的礼物，慷慨地馈赠给每一个人。

我们倡言追寻幽漫的生活方式，把握幽漫，创造一个新我，让轻松舒缓、清新高雅的社会空气流动起来；让健康洒脱、充满阳光的心灵树立起来；让你赢得周围的每一位朋友；让我赢得生活中的每一份欢乐。

陶渊明一生不愿出仕，几次做官都不如意，最终辞官回家。他最终辞官回家是因为这样的一件事情引起的：有一天，郡里派遣督邮到澎泽县来检查工作，县里的小官吏听到这个消息后连忙去向陶渊明报告。这时，陶渊明正在他的书斋里读书写诗。他一听督邮来检查，十分扫兴，便放下纸笔，准备跟小吏一起去见督邮。

小吏见他穿着一身便服，吃惊地说："上级来视察了，你作为一县之长，应该穿上官服，束上带子恭恭敬敬地去迎接才好，怎么能穿着便服去呢？"

陶渊明向来看不起那些依仗权势、盛气凌人的官僚们，听小吏说还要穿起官服去向督邮行拜见礼，他觉得自己无论如何也接受不了。他叹息一声对小吏说道："我可不愿意为了五斗米的俸禄，就躬着腰向那些乡里小人作揖打拱，做出曲意逢迎的样子来。"

说完，陶渊明不仅不去见上面来的督邮，而且拿出县里的大印和官服交给小吏，说："督邮来了，请你把这些东西交给他。"

然而今天人们常常会遇到这样一些人，他们的面容严肃正经，神态庄严，摆出一副不屑与人为伍的样子，假作高傲的贵人的身份，其做派令人可笑。其实这往往是一群身份卑微的人，他们打心里认为高贵是一种特权，所以竭力向这个团体靠拢。只要遇到了可以称贵的人，即在社会上有身份、地位、贵族血统等等的社会名流，他们便卑躬屈膝，点头哈腰，百般奉承讨好；遇到了与自己同等身份或不及自己的人，他们马上换上另一副面孔，正襟危坐，不苟言谈，巍然不可冒犯的姿态，对尊和卑的严格的划分，到了令人无法忍受的地步。这是地地道道的伪君子，品格卑劣的小人物。

故意扭怩作态，是一种很强的表现欲望在作祟，其表演往往又流于

上篇 学会取舍：怎样取舍决定怎样的人生

肤浅。弯的变成直的，直的变成弯的，且做作不自然。真挚的感情、美丽的情操，与过分的掩饰、矫情的表演格格不入，矫揉造作不仅不利于感情、友好、希望等等内含的表达，也败坏了真的形象、美的形象、善的形象，没有丝毫可以值得欣赏的。成功的人际交往，都是建立在自信而又谦虚、热情而又端庄的基础上的。美好的塑造，离不开良好的文化教养、出类拔萃的聪明才智和高雅不俗的仪表。唯有如此，才会有更为率真的表现。

有道是："满罐子不摇半罐子晃荡。"学识渊博、修养深厚的智者是不会装腔作势的。《钦差大臣》这部讽刺喜剧淋漓尽致地揭示了俄国上层社会虚假丑恶的众生相。那些贪图近利的官吏们为了能抓到一个机会，用尽装腔作势之能事；陈胜在贫困时对天盟誓，要求同享富贵。可他一旦富贵了反而容不得那些才摆脱不久的"贫穷哥儿们"，连"装腔作势"的面纱也不要了。有两句歌词写得好，"平平淡淡，从从容容才是真"。人不能靠伪装去面对生活，如果你连最起码的真实都做不到，那么你的人生最终将变成一场虚空，什么也得不到，什么也留不下。可见，一个人还是平淡、从容一些好，不必拿腔拿调地累自己，如若还因此而做错事，那就更不值了呀！

3. 宠辱不惊，乐天知命

历来士大夫阶层的文化人，有些精神追求的人，往往在荣辱问题上采取顺其自然的态度。或仕或隐，无所用心，如孔子所说："天下有道则见，无道则隐"，能上能下，宠辱不惊，只要顺势、顺心、顺意即可。这样一来既可以在条件允许的情况下为百姓做点好事，又不至于为争宠争禄而劳心劳神，去留无意，亦可全身远祸；有时在利害与人格发生矛

盾时，则以保全人格为最高原则，不以物而失性、失人格。如果放弃人格而趋利避害，即使一时得意，却要长久地受良心的谴责。

如何看待荣辱，什么样的人生观自然会有什么样的荣辱观，荣辱观是一个人人生观、处世态度的重要体现。从前，有人以出身显赫（公侯伯子男）作为自己的荣誉。在商品经济社会里，荣辱则以钱财多寡为标准。所谓"财大气粗"、"有钱能使鬼推磨"，"金钱是阳光，照到哪里哪里亮"，以及"死生无命，荣辱在钱"等俗话正是揭示出了一种以钱财作为标准来划分荣辱的观念。

在荣辱问题上，若能做到"难得糊涂"、"去留无意"，这才叫洒脱。一个人，当你凭自己的实干、聪明才智获得了荣誉和受人爱戴时，应该保持清醒的头脑，有自知之明，切莫受宠若惊、飘飘然，自觉霞光万道，这就是所谓"给点光亮就觉灿烂"。我们应该宠辱不惊，正如古人阮籍所云"布衣可终身，宠禄岂足赖"，一切都不过是过眼烟云，荣誉已成过去时，不值得夸耀，更不足以留恋。有一种人，也肯于辛勤耕耘，但却经不住玫瑰花的诱惑，有了荣誉、地位，就沾沾自喜，甚至以此为资本，争这要那，不能自持；更有些人，"一人得道，鸡犬升天"，居官自傲，横行乡里。然而永乐年间的姚广孝却并非如此。

建文帝四年六月，朱棣攻下应天，继承帝位，改号永乐，史称明成祖。论功行赏，姚广孝功推第一，故姚广孝位势显赫，极受明成祖宠信。永乐二年（1404年）四月拜善大夫太子少师。复其姓，赐名广孝。成祖与语，称少师而不呼其名以示尊宠。然而当成祖命姚广孝蓄发还俗时，广孝却不答应；赐予府第及两位宫人时，仍拒不接受。他只居住在僧寺之中，每每冠带上朝，退朝后就穿上袈裟。人问其故，他笑而不答。姚广孝终生不娶妻室，不蓄私产，唯一致力其中的，是从事文化事业。曾监修太祖实录，还与解缙等纂修《永乐大典》。姚广孝在学术思想上颇有胆识，史称他"晚著道余录，颇毁先儒"，当然，也曾招致一

41

些人的反对。

永乐十六年（1418年）三月，姚广孝病重，成祖多次看视，问他有何心愿，他请求赦免久系于狱的建文帝主录僧溥洽。成祖入应天时，有人说建文帝为僧遁去，溥洽知情，甚至有人说他藏匿了建文帝。虽没有证据，溥洽仍被枉关十几年。成祖朱棣听了姚广孝这唯一的请求后立即下令释放溥洽。姚广孝闻言顿首致谢，旋即死去。成祖停止视朝二日以示哀悼，赐葬房山县东北，命以僧礼隆重安葬。

在明王朝初年那风云变幻、惊心动魄的政治舞台上，姚广孝以一个和尚的身份，运筹帷幄，出谋划策，用计以坚朱棣反叛之志，以寡敌众智保北平以及疾趋京师并终于使江山易主，都表现了他多方面的惊人才智和谋略。至于他功高不受赐，则反映了他对统治阶级上层残酷倾轧的清醒认识和明哲保身的老谋深算。

商业社会，要真正做到脱离物质而一味追求人格高洁确实很难。但若有了人格追求，起码可以活得轻松潇洒些，不为物质所累，更不会为一次晋级、一次调房、一次长薪而闹得不可开交；也不会为功名利禄而趋炎附势，丢失人格，出卖灵魂。现实生活中，每个人都可能有一两次这样的经验和体会，当你放弃利害，保住人格时，那种欣喜愉悦是发自肺腑的。一个坦坦荡荡的人，他的心是宁静安恬的；而蝇营狗苟的小人，其心境永远是风雨飘摇的。

得到了荣誉、宠禄不必狂喜狂欢；失去了也不必耿耿于怀、忧愁哀伤，这里面有一个哲理，即得失界限不会永远不变。一切功名利禄都只是过眼烟云，得而失之、失而复得的情况都会经常发生，意识到一切都可能因时因事的转变而发生变化，就能够把功名利禄看淡看轻看开些，做到"荣辱毁誉不上心"。正因为有了这样良好的心态，才能在商政竞争乃至现实生活中游刃有余，举重若轻。

4. 有内涵的人才懂得妥协

妥协，在字典中解释为：在争执或斗争中向对方作出让步。它在人们印象中多少带有一些贬义色彩，总要和软弱、屈辱联系在一起。然而，当人们把妥协归类于贬义词时，却没有看到妥协背后的无奈与痛苦，甚至更高境界的内涵。

其实，妥协是促进调整自我心态、转化对方态度的良方。善于巧妙地妥协，首先要有战胜自我的勇气，其次还要有高瞻远瞩的大气、审时度势的智慧。

妥协，这种看似软弱的行为实则附带着压力，包括让步的牺牲、世俗的蔑视，还有妥协者本人内心的痛苦甚至屈辱。选择妥协，当然要有战胜诸多压力的勇气。所谓大丈夫能屈能伸，能伸容易能屈难，能屈更要有勇气。

只有心中蕴涵着更高远的志向，才不会被眼前的成败所左右，才会从长计议，才会妥协。如果一个人目光短浅，把眼前的利益看做至高无上的目标，那么他也许会有破釜沉舟、同归于尽的壮举，却绝不会妥协。越王勾践，若没有大举灭吴的目标支撑，哪有千古流传的十年卧薪尝胆。妥协，意味着不以暂时的胜负为结果，意味着养精蓄锐重新开始。宰相腹中容海船，英雄额上跑战车。心中有海船，就不会在意竹筏的沉与浮。

妥协，不是无原则地让步，而是为了更大的回报。正确的妥协，应该是智慧的选择。人生中有无数十字路口，无论如何选择都不会天堑变通途。失败挫折不可回避，面对挫败的时候，正是考核智慧的时刻。这时，能够看到布满荆棘的险峰后面有芳草鲜美的桃花岛，能够明辨方方面面的优势劣态，能够采取一种权宜之策，留得青山有柴烧，这才是最大智慧的妥协。识时务者为俊杰，妥协有时便是识时务的一种表现。

隐藏在妥协背后的内涵还应该有阅历、耐力。人生舞台，何处没有矛盾？何时没有纷争？学会聪明的妥协，培养坚韧的心智，积蓄奋进的力量，会为我们的成功增加砝码。当然，未必非要我们忍到如同韩信那样从别人胯下钻过，但心存鸿鹄之志又学会必要的妥协，实在非常必要。

总之，妥协，千万不可等闲视之。历尽潮起潮落，看淡云卷云舒是妥协的大气磅礴；信手迂回曲折，熟谙进退之道是妥协的智者千虑。

5. 弯腰是为挺起做准备

世事多波折。有时，适当地妥协，弯一下腰，可以省掉不少麻烦。

假如你和对手或上司产生了冲突，论力量，你是鸡蛋，而对方是石头，你怎么办？是像头脑简单的拼命三郎那样以卵击石，白白地送命呢，还是避其锋芒，等自己也变成石头，变成比对方更大的石头再有所图谋呢？选择前者还是后者，就可以从中看出你是办大事还是办不成大事的人了。试想，为争一时之气而拼个你死我活，于己于事又有何益呢？泰山压顶，先弯一下腰又何妨？折断了就永远断了，而弯一下腰还有挺起的机会。

明太祖朱元璋在位时，有一位吏部科给事中，名叫王朴，曾因直谏，犯了龙颜而被罢官。不久，又被起用做御史，他马上评议当时的时政。在朝廷之上，多次与皇帝争辩是非，不肯屈服。一日，为一事与明太祖争辩得很厉害。太祖一时非常恼怒，命令杀了他。等临刑走到街上，太祖又把他召回来，问："你改变自己的主意了吗？"王朴回答说：

"陛下不认为我是无用之人，提拔我担任御史，奈何摧残污辱到这个地步？假如我没有罪，怎么能杀我？有罪何必又让我活下去？我今天只求速死！"朱元璋大怒，催促左右立即执行死刑。

不是说生性耿直不好，但王朴实在是太不开窍了，心中那种傲气犟劲一产生就消失不了，而且越来越旺，连皇帝给他机会都不要。这固然是受愚忠的毒害，但也与他心高气傲、不懂处世策略有很大关系。他不懂得弯与折的辩证法——尤其在一言九鼎的皇帝面前，以致毫无价值地送了自己的小命。而下面这个发生在现实中的故事也许能更形象地说明这个道理。

张某是学经济的，大学毕业后，分配在省城的一所大学里教书，虽然已在省城安家立业，但每年都要回一次老家。每一次回家，他的心灵就被震撼一次，改革开放这么久了，家乡的山依旧荒芜，乡亲们的生活依旧贫困。

张某决心为家乡闯出一条致富之路。他毅然辞去大学的教职，回到家乡承包了 40 亩荒地，开始建造他的示范农场。

可是，不到两个月，他就和村干部们发生了冲突。一次，因为干部吃吃喝喝，张某当面提了意见，他坦诚地说："论辈分，你们都是我的叔叔大爷。可群众生活这么苦，干部不应该这样多吃多占。"干部们一愣，多少年了，还没有人敢当面说他们的不是呢。他们手捏酒盅，小声议论说："这小子，读了几年书，就翘尾巴！"

又有一次，因为乡里干部们按亲疏远近划分宅基地，张某找干部评理，再次得罪了乡里干部。

张某动用自己的全部积蓄，在山上盖起了石屋，开始了农场的建造，可是，他遇到了一连串的麻烦：实施计划需要的炸药，要乡里干部开证明才能购买，他受到了无端的刁难；农场需要资金，他又遭到乡里干部的冷眼……有人劝张某为了自己的事业，去找干部服软认错，以换得他们的理解和支持，或是给有实权的部门送点礼，换取贷款，否则将一事无成。张某口气强硬："做人要有人格，我绝不向卑劣的行为卑躬屈膝。"

张某最终只能无奈地守着空屋，守着他的农场，守着他的人生梦想。

另一位大学生李某是学工科的，毕业后分配在县城工作。他嫌机关太冷清，主动要求到基层工作，以便实现他的抱负——开发山里的矿产资源，造福家乡父老。

刚出校门一个月，他也有过类似张某的遭遇。那是在建造家乡选矿厂时，李某发现，用来建厂的大部分钢材被领导拿去送人了。他气愤地去找领导质问："你怎么能拿公有的东西随便送人呢？"领导拍了拍李某的肩膀，开导他说："你呀，刚出校门，不懂得人情世故，搞设计不能死抠实际需求量，还必须把一些人为的损耗加进去，这是大学里学不到的知识。"

李某恍然大悟，不再坚持自己的意见。这样，他安然渡过了自己步入社会的第一个险滩。在领导的眼里，李某能干而又听话。几个月后，他被任命为副乡长。

李某为改变家乡的面貌处心积虑，四处奔波。与此同时，他也不得不一次次地做了许多违背自己初衷的事，但他又一次次地原谅了自己。

人们夸奖李某脑子特别灵活。的确，通过几年的奔波建厂，李某悟通不少"人情世故"。很自然地，李某面前的红灯少，绿灯多。他主持的那个乡，乡镇企业产值和利润年年翻番，人均收入也大大提高，人们对他更是赞不绝口。

由于他突出的"政绩"，三年以后，他被提拔为乡长、乡党委书记。又过了两年，他被提升为主管工业的副县长。

张某和李某两人的态度和方法导致两人的不同命运。虽然，我们会在内心钦佩张某这种高洁的人格，但又不能不看到：张某的一腔抱负无法施展，而且也无法给他的乡亲们带来一丁点儿好处，只能固守着他的清高孤傲而一无所成；而李某为了不"折"而"弯"了一下，一方面坚持着自己的原则和初衷，另一方面走了一条圆通的道路，这使得他既实现了自己的价值又为乡亲们办了实事，所以在现实中，李某的这种为办大事宁弯不折的方法，只要严守法律的界限，不失为一种务实的、行得通的做法。

当然，妥协总是需要付出一定代价的，这种代价有时是脸面上的，有时是物质上的，但这种代价不可能是无偿的。如果得不偿失，是没有人会去妥协的，其中主要还是因为这种妥协能够得到更多的利益。人不会只图虚名，只有具备能在小处妥协、包容的心态，才能在大处取胜。

一句箴言：有原则地妥协一下，是为了在需要的时候不妥协。

6. 理性的回应才是高明的妥协

主动积极的人会掌控和调适自己的情绪，当面对"刺激"的时候，能够冷静，看到可以有多种"回应"的可能性，并从中选择对自己最有利的"回应"，从而掌握选择的自由！被动消极的人在面对外界"刺激"发生时，心情好坏往往会受到别人行为的控制，并在不理智的情绪下作出了错误的"回应"。成熟就是受到外部刺激时，不再是单一的本能冲动回应，而是会考虑到有多种回应的可能，衡量各种回应的后果并最终选择最理性的一种回应方式。

在非洲草原上，有一种不起眼的动物叫吸血蝙蝠。它身体极小，却是野马的天敌。它在攻击野马时，常附在马腿上，用锋利的牙齿敏捷地刺破野马的腿，然后用尖尖的嘴吸血。无论野马怎么蹦跳、狂奔，都无法驱逐这种蝙蝠。蝙蝠却可以从容地吸附在野马身上，落在野马头上，直到吸饱喝足，才满意地飞去。而野马常常在暴怒、狂奔、流血中无可奈何地死去。

动物学家们在分析这一现象时指出，吸血蝙蝠所吸的血量是微不足道的，远不会让野马死去，野马的死亡是它暴怒的习性和狂奔所致。

野马之所以死亡，是因为当外界的"刺激"发生时，野马的情绪受到控制，并在此情绪下做出了错误的"回应"，从而导致自己受到了更大的伤害，甚至死亡。

当美国的开国元勋们在构想政府的结构时，来自不同州的代表之间意见相差很大。威廉·佩特森提出了"新泽西计划"，这个计划对比较小的州有利；詹姆斯·麦迪逊提出了"弗吉尼亚计划"，这个计划对比较大的州有利。

结果怎样呢？最后开国元勋们达成了"康涅狄格妥协"，也常常被称为"伟大的妥协"，在国会设立两个分支，一个是参议院，一个是众议院，这样就既满足了较小的州，也满足了较大的州的要求。

然而，它应该被称为"伟大的 $1+1>2$"，因为它比原来的两个方案都更高明。

当我们能接受差异是个优势，而不是一个冲突时，当我们决心至少要尽力去欣赏差异时，你就为找到"$1+1>2$"的办法做好了准备。

从双赢思维出发，运用设身处地的沟通技巧，整合双方之间的差异，不是按你的方法或者我的方法，而是一种更好的方法、更高明的方法，这就是统合综效。

成熟度就是妥协度。不再是单一的选择，不再是单一的标准，不再是你我强烈的冲突，而是综合的衡量，多重标准，不是盲目的较劲，而是理解的宽容。

7. 四十不惑需要大智慧

告别锋芒毕露的青年，步入沉稳豁达的中年，妥协是智慧老人送给我们的最好礼物。

孔子说，四十不惑。这个不惑说的就是妥协。

首先是不惑于命运，知道这个世界不是专为我而设计的。妥协是面对生活中的不尽如人意处之泰然，不呼天抢地，不怨天尤人。你说这个位子明明适合我，为什么给了他？你尽可大吵大闹，出这口恶气，如果你愿意。但那跟妥协无关，跟智慧无关。

其次是不惑于自我，知道自己不是天才。妥协是认可一生平庸的事实。"挥斥方遒，粪土当年万户侯"是记忆中一道美丽的风景，现实中不需要这样的空谈。工作时要事无巨细，过日子少不了柴米油盐。领袖人物在一个国家只有一位，你当然不是。天才几百年才出一个，你更不是。何必跟自己过不去？很喜欢这几句诗：老是把自己当做珍珠/就时时有被埋没的痛苦/把自己当做泥土吧/让众人把你踩成一条道路。

当然也不惑于婚姻，知道婚姻中没有对错，只有会不会经营。妥协是吵架时刀子似的话在嘴里停留几秒钟；是吵完后学会搬梯子、找台阶。不信去问问那些结婚十年以上的夫妻，如果他们不懂妥协为何物，你就把这篇文章撕碎扔进垃圾桶。

还有不惑于友谊，知道人非圣贤，孰能无过？妥协就是不要指望别人事事照顾你的情绪。人家也有一大堆账单要付，有无数的生活琐事要去处理，孩子教育、夫妻关系、求职升级涨工资，哪一样不让人心力交瘁？

更有不惑于老板，知道他有他的难处。妥协是忍住心中的不满，低

学会取舍：怎样取舍决定怎样的人生

头说:"是是是,下不为例。"你当然可以大吼一声:"我不干了。此处不留爷,自有留爷处。"可在说这话之前得把下家找好了,否则你枉为中年,堪称愣头青。

妥协与放弃无关,因其一波三折,反更显执著。好比眼前一汪水,跨过去,跳过去,或者干脆蹚着过去都可以,最多洗一双鞋,脚丫子难受一会儿。可想想有跨度不够大、跳得不够远的风险,还有那洗鞋和洗脚的时间,不如绕过去。绕过去的美妙在于,把投入风险降到最低而获取同样的回报。

当今社会,妥协是民主的精髓——多数人的决定,和对少数人的尊重。美国的参议院和众议院通过提议的过程就是妥协的过程。妥协还是国际关系和外交的重要内容。不同民族、国家、文化要达成共识,没有妥协几乎是不可想象的。美国前第一夫人希拉里在处理克林顿的出轨行为时所作出的妥协更是让人叹为观止。

只是,妥协难免带有无奈的苦涩。如果可以选择,妥协是我们最不愿接受的事实。可惜在这个世界上,即便高贵如万国之国的国王,呼风唤雨,至尊至荣,最终也不得不向死神妥协。妥协,是我们不得不学会的功课。

生活中不可能事事妥协,但智者必定是善用妥协之人。妥协是退一步海阔天空时的云卷云舒,是绝处重生后的喜悦,是"山穷水复疑无路,柳暗花明又一村"的良辰美景。"大成若缺,其用不弊。大盈若虚,其用不尽。大直若屈,大巧若拙,大辩若讷。静胜躁,寒胜热。"商战中,沙场上,以静制动,以柔克刚,以退为进的才是最后的赢家。

妥协是一种心理成熟,需要用心去悟。有人冲撞了一辈子,处处不得意,事事不顺心,到老了还愤世嫉俗,不知幸运女神为何这么不眷顾他。这样的人像一块生铁,拒绝被生活的烈火百炼成钢。妥协是钢的坚韧,钢的顽强,钢的百折不挠,需要在一次次历练中成就。

妥协是圆滑而不是狡猾。妥协是人生的风雨冲刷后留下的鹅卵石，是岁月的河流沉淀出的金沙。妥协因其平和而美丽，因其从容而动人。妥协需要大智慧。

8. 无谓的意气之争要不得

螳臂挡车很勇敢也很愚蠢，身处弱局时，若不计后果地抗争，便是毫无益处的匹夫之勇。而智者在这种情况下，便会审时度势，以变通来化解危机。

《史记·樊郦滕灌列传第三十五》中给我们记述了灌婴保身济世的成功诀窍。

公元前180年，西汉吕太后死去。当时，诸吕专权，想篡夺刘氏江山已很久了。齐王刘肥看出了诸吕的野心，一待吕后安葬之后，他便召集心腹手下说："奸人当道，国将危矣，我想起兵讨逆，还望你们为国出力。"心腹手下没有异议，刘肥立即写信给刘氏诸侯王，控诉诸吕的罪行，并亲自率兵攻打吕氏诸王。

刘肥起兵的消息传到京师，相国吕产十分惊慌，他对吕禄说："刘肥乃汉室宗亲，他带头闹事，恐怕其他刘氏诸王也不安稳，这件事该如何应对呢？"

吕禄说："我们掌握朝政，执掌南军、北军，自不用怕刘肥了。以我之见，我们应该即刻发兵讨伐，消灭刘肥，以绝其他刘氏诸王之念。"

汉朝元老重臣灌婴被委任为讨伐刘肥的主帅，吕产、吕禄还当面对灌婴许诺说："你德高望重，战无不克，朝廷命你出征，相信一定可以灭掉逆贼。回师之日，朝廷会更加倚重于你，决不食言。"

有人劝灌婴不要挂帅，说："刘氏乃高祖之后，他们看不惯诸吕所

学会取舍：怎样取舍决定怎样的人生

为，怎能算逆贼呢？你此去无论成败，都将背上助纣为虐之名，应当力辞不就啊。"

灌婴说："诸吕势大，如果我当面抗命，我死事小，误国事大。他们改派他人，势必有一场大的厮杀，而我却可借机行事，消此巨祸。"

灌婴做出积极备战的样子，诸吕都对他不疑。吕产的一位谋士担心灌婴不忠，于是他向吕产说："灌婴忠心汉室，为人正直，他这样痛快领命，不是很可疑吗？万一他中途有反，我们就被动了。"吕产不以为然，他傲慢地说："我们吕家权倾天下，识时务者是不会和我们做对的。灌婴在朝日久，此中利害他自会知道，有何担心呢？"

吕产的谋士说："灌婴一旦领兵在外，我们就控制不了他了，难保他不会生变。为了安全起见，大人当派心腹之人征讨才是。"

吕产自恃聪明，拒不接受谋士的劝告。

灌婴率兵到达荥阳，传命就地驻扎，不再前行。不知情的将领追问灌婴缘由，灌婴以各种借口搪塞。私底下，灌婴召集心腹说："诸吕存心篡汉，我们身为汉家臣子，决不能听命于他们。我现在将大军引领在外，就是威慑诸吕，诸吕都是色厉内荏的小人之辈，有我们在，我想他们是不敢妄动的。"

灌婴驻扎荥阳不动，诸吕果然慌乱起来，吕禄催促吕产谋变，吕产却说："灌婴大军在外，已是我们的敌人了，他这个人善于打仗，我们不是他的对手啊！现在形势大变，于我不利，还是从长计议的好。"

诸吕有了顾忌，灌婴趁机加紧联系刘氏诸王，准备合力讨伐诸吕。他在给刘氏诸王的信中说："诸吕不怕天谴，却怕眼前的祸患，对他们只有合力同心加以讨伐，才是救朝廷的唯一途径。他们并不可怕，可怕的是我们对他们抱有幻想，心怀观望。"

刘氏诸王深受触动，暗中响应。与此同时，京师的太尉周勃和丞相陈平也联起手来，在未央宫捕杀了吕产，继而将吕氏家族一网打尽，安定了汉室江山。

　　无望的抗争，有时不如默默等待。俗话说，留得青山在，不怕没柴烧。把迫在眉睫的灾祸消除，将来才能担起更大的责任。处于弱势时，强攻绝非良策，此时不妨变通一下，作策略性的让步，这才是聪明人的选择。而策略性让步的要旨是，一方面原则仍要坚持，目标仍不放弃，但不可硬碰硬以致徒惹祸患，而应暂退一步，在退的假象下寻找合适的时机。

第三章

懂得说话办事的取舍之道

1. 重视对方的需要，捕捉对方的心理

每个人从小学起就有这样的经验，写作文，最怕的就是文不对题。说话也是这样，最忌讳"南辕北辙"。试想，假如你是位数学老师，你却在课堂上大谈历史；面对农民，你对航天科技滔滔不绝；领导因产品销路不畅心情不好，你却对本单位的管理问题大加分析。可能你讲得很对，有时也很有道理、很有价值，但人家不需要。"对牛弹琴"的结果顶多不过是白费点力气，可你的交流对象是人，有时还是掌握你命运的上司和领导，假如你真的这样说了，后果可能就远远不是白费点嘴皮子那么简单了。

在美国，神学院毕业的学生，必须要到乡村教会去当一定时间的牧师，一来可以丰富他们的工作经验，二来可以锻炼他们的韧性和毅力，为他们日后能够更好地宣传神学，更好地发展打下基础。

有一位成绩和各方面表现都十分突出的学生，从一所著名的神学院毕业后，自愿到一个以牧业为主、生活十分艰苦、人们的认识还比较落后的村庄去担任牧师。为了使那里的人们很好地接受自己，并扩大自己的影响，从而使得人们能够更好地领会神的旨意，他准备召开一个布道大会。经过紧张而又繁忙的准备之后，他的布道大会如期召开了。但令他失望的是，他等了足足一个上午，却只有一个牧童来到了会场。他心

54

灰意懒，准备将布道大会取消，但为了不让牧童失望，他主动向牧童征询意见。结果牧童说："亲爱的牧师先生，要不要取消大会我不知道，但我知道一件事，在我所养的100只羊中，就算迷失了99只，只剩最后一只，我还是要养它。"年轻牧师顿有所悟，决定大会如期举行。牧师使出浑身解数，对这位牧童进行全力灌顶，想不到这位牧童竟然睡着了。牧师非常难过，却又不好意思叫醒牧童，结果他又等了整整一个下午。到了黄昏，牧童醒了，牧师就迫不及待地问牧童："你为什么睡着了，难道我讲得不好吗？"牧童回答说："亲爱的牧师先生，你讲得好不好我不知道，但我知道，当我在养羊的时候，绝对不会拿我最喜欢吃的汉堡给羊吃，而要拿给羊最想吃的牧草。"牧师经过一番思考，终于大彻大悟。

过了不长的时间，这位牧师成为了全美国最著名的牧师。

有的人认为，这位牧师的布道大会失败了，因为他在大多数人们不需要布道大会的时候举办了布道大会，并且对唯一的一位参加者讲述了人家并不需要的内容；也有的人觉得，他的布道大会成功了，因为他因此明白了只有从人们的需要出发，对人们进行引导，才能把神学发扬光大。事实上，正所谓"成也萧何，败也萧何"，牧师布道大会的失败在于他忽视了人们的需要，牧师后来能够成功则归功于他重视了人们的需要。

还是让我们回到"说"的主题上来吧。人世间有很多道理是相通的，做事需要我们考虑别人的需求，说话、交流也必须要重视他人的需要。

首先，你要清楚地了解对方的过去。当然，你不需要像一个侦探一样事无巨细，因为你需要的不是他的全部，只需留心他的日常言行，倾听周围人群的谈论，你就会对他的处世风格、性格爱好、优缺点等了如指掌。

然后，你要关注对方的现状。你跟对方交流，应该是有目的的。知道对方的现实问题和急需之处，你在说的时候就不会无的放矢。

最后，你要为对方提点建议。说，总是有一定内容的，而且这些内容必须倾向于为对方解决问题，创造未来。也许你说的东西不一定非常管用，但没关系，至少你"说"的目的已经达到，你们的关系也会因为默契的交流而更加密切。

记着，在人们饥饿的时候给他半个馒头，比在他富有时给他十根金条更能让人刻骨铭心。在"说"之前，你要明白，对方想听什么、爱听什么、最需要什么，否则，说了还不如不说。也就是说，要揣摩听者的心理。

2. 洞悉人性，就要投其所好

古人有云："爱人者，兼其屋上之乌。"意思是说，因为爱一个人而连带爱他屋上的乌鸦。后人以"爱屋及乌"形容人们爱某人之深以致到爱及和这人相关的人和事。心理学中把这种对特定对象的情感迁移到与该对象相关的人或事物上来的现象称为"移情效应"。

移情效应指的是把自己的情感转移到外物身上去，仿佛觉得外物也有同样的情感。通俗地说，就是当我们喜欢某个人或事物时，也觉得仿佛周围的人也会同样去喜欢。用在人际关系上就是一种投其所好，以对方所喜欢的人或事物为媒介，使得对方把对他所喜欢的人或事物的情感转移到自己身上，从而建立双方的良好关系。

移情效应首先表现为"人情效应"，即以人为情感对象而迁移到相关事物的效应。比如，喜欢交际的人经常会说："朋友的朋友也是我的朋友"，这是把对朋友的情感迁移到相关的人身上；仗义行侠的"勇士"也表示："为朋友两肋插刀"，这就是把对朋友的情感迁移到相关的事上去。

心理学研究表明，不仅爱的情感会产生"移情效应"，恨的情感、嫌恶的情感、嫉妒的情感等等也会产生移情效应，这在成语中有一个词叫"恨乌及屋"。皇帝可以因一人犯罪而株连九族，其恨可谓泛；庞涓因嫉妒孙膑的才华而设计剜去孙膑的膝盖骨，其妒可谓深。这些都是恨的情感、嫉妒的情感等所产生的移情效应。

移情效应是人的普遍本性，我们可以对方喜欢的人或物为媒介，据此揣测、掌控他人的心理，与其建立良好的人际关系。在营销上，这种应用更为普遍、有效。

啤酒商想卖啤酒给男士，便先让身材婀娜的女模特儿出场，扭来转去，在男士们正感到兴高采烈、津津有味的时候，推出要卖的啤酒。就这样，移花接木发生了，男士们兴高采烈、津津有味的感觉就"接"到了啤酒上。

广告商想让家庭主妇买一种洗衣粉，便会先描绘一个和睦、幸福、喜乐融融的家庭，然后推出洗衣粉的牌子。模模糊糊中，人们感到这幸福生活同使用这种洗衣粉相关。广告播放多次后，对洗衣粉的好感便被装进了主妇的潜意识。主妇去买东西，眼前十几种洗衣粉，想也没想，就拿了广告上的洗衣粉。

政治家的智慧也并不逊色于商人。政治家们要推销的是他们自己，所以他们要把能引起公众好感的事件同自己相联系。公众热爱国旗，政客们就争相站在国旗下照相，按国旗的颜色穿戴；人们感到孩子可爱，大选中的各国政客们就要寻找机会拥抱孩子、亲吻孩子；在振奋人心的英勇举动发生时，政客们一定要到场与英雄照相。做得像，好感就移花接木地搬到了自己身上。

在推销人员与客户打交道中，这种移情效应尤其得到了广泛的应

上篇

学会取舍：怎样取舍决定怎样的人生

57

用。欧洲空中汽车公司的推销员莱迪艾想在印度市场上占有一席之地，但是当他打电话给拥有决策权的劳尔夫将军时，对方的反应却十分冷淡，根本不愿意会面。最后，在莱迪艾的强烈要求下，劳尔夫将军才勉强答应给他 10 分钟的会面时间。

在会面时，莱迪艾刚开始便告诉劳尔夫将军，他出生在印度。这一句话顿时拉近了劳尔夫将军和莱迪艾之间的距离。莱迪艾又提起自己小时候印度人们对自己的照顾，和自己对印度的热爱，使劳尔夫将军对他升起好感。

之后，莱迪艾又使出了杀手锏。他拿出了一张颜色已经泛黄的合影照片，双手捧着，恭敬地拿给将军看。劳尔夫将军惊讶地发现，照片上的人竟然是圣雄甘地。

而莱迪艾告诉他，照片上的那个小男孩就是他。那是他小时候和家人一起回国时，在一艘船上正好遇到了甘地，和甘地一起合的影。莱迪艾说这次要去拜祭圣雄甘地的陵墓，所以才把它拿出来。

甘地是印度的圣雄，深受印度人民的尊敬和爱戴。于是，劳尔夫将军对印度和甘地的深厚感情，便自然地转到了莱迪艾身上。毫无疑问，生意也成交了。

移情效应是一种心理定势。人都是有所谓"七情六欲"，所以人和人之间最容易产生情感方面的好恶，并由此产生移情效应。

3. 利用他人的行为，来影响别人

动物中有一种叫做"羊群效应"的理论，如果一头羊发现了一片肥沃的绿草地，并在那里吃到了新鲜的青草，后来的羊群就会一哄而上，争抢那里的青草，全然不顾旁边虎视眈眈的狼，或者看不到其他更好的青草。

事实上，"羊群效应"就是一种跟风行为，它表现了人类共有的一种从众心理。这种从众心理很容易导致自我盲从，而盲从往往会陷入骗局或遭到失败。

法国科学家亨利·法布尔曾做过一个毛毛虫实验：他把若干毛毛虫放在一只花盆的边缘，使其首尾相接成一圈，然后在花盆的不远处撒了一些毛毛虫喜欢吃的松叶。一连七天七夜，都未曾有一只毛毛虫吃到松叶。相反，它们一直一个跟一个绕着花盆一圈又一圈地走，直到饥饿劳累而死。

也许动物世界的故事看起来多少有些讽刺，但是人类何尝又不是如此？

根据社会心理学家的研究发现，产生从众心理的最重要的因素是有多少人坚持某一条意见，而非这个意见本身。人数多无疑表达了一种说服力，相信很少有人还会在众口一词的情况下仍然坚持自己的不同意见。

"从众心理"简单地说，就是看到大多数人在做某一件事，认为是对的、正确的，那自己也就会以此作为是非判断标准之一，确定自己是不是也应该这么做。羊群效应其实就是从众心理在动物界的表现。

在生活中，每个人都有不同程度的从众倾向，总是倾向与跟随大多数人的想法或态度，以证明自己并不孤立。研究发现，持某种意见的人数的多少是影响从众的最重要的一个因素，"人多"本身就是说服力的一个明证。

一个老者携孙子去集市卖驴。

路上，开始时孙子骑驴，爷爷在地上走，有人指责孙子不孝；爷孙二人立刻调换了位置，结果又有人指责老头虐待孩子；于是二人都骑上了驴，一位老太太看到后又为驴鸣不平，说他们不顾驴的死活；最后爷孙二人都下了驴，徒步跟驴走，不久又听到有人讥笑：看！一定是两个傻瓜，不然为什么放着现成的驴不骑呢？

爷爷听罢，叹口气说："还有一种选择就是咱俩抬着驴走了。"

这虽然是一则笑话，但是却深刻地反映了我们在日常生活中习焉不察的一种现象——从众效应。

为什么现在很多广告动不动就号召许多人追随一个人的镜头呢？其实就是要造成这样一个现象：大家都去了，我为什么还要思考呢？于是就从众了。或者他们告诉消费者，某种商品增长最快或销售最旺，这样他们就不必直接劝说消费者相信他们的商品质量很好了。他们只需要说其他人都认为是这样，就足以证明他们的商品质量了。

这种从众心理在很多地方都可以表现出来。很多人吃西餐的时候，虽然也看了很多西餐的礼仪和刀叉的用法，但是当自己坐在那里的时候，所参照的标准却不是书上那些教条，而是身边那些人的动作。

有些人去吃肯德基或者麦当劳的时候，以前在欧洲时，他会按照身边人的标准把用过的残留物拿到指定的垃圾箱，并把盘子放好。但是在他回到国内的麦当劳或者肯德基时，他用过的东西会毫不犹豫地放到桌子上，然后理直气壮地离开。

这都是从众心理在起作用——你不由自主地选择了身边的人作为参照物，你在不断寻找大家一致的社会认同。

正是从众心理的神奇作用，所以它在管理、营销以及其他社会生活方面得到了广泛的应用。精明的商家会利用从众心理来谋取利益，聪明的推销员会利用从众心理来得到他人对自己产品的认可。

当迪斯科刚开始盛行的时候，一些迪斯科舞厅的老板会故意留一些顾客在外面等候入场，但其实舞厅里还有很多空地。他们之所以这么做，是为了给人们造成舞厅生意兴隆的感觉。这样就会有更多的人加入进来。

社会总是会有大规模的从众行为，似乎每一个人都要参考周围的人的行为来决定自己应该做些什么，似乎没有人自己可以确定自己的主见。所以，你应该学会利用周围人的行为来影响别人。

我们进行是非判断的标准之一就是看别人是怎么做的，尤其是当我们要决定什么是正确的行为的时候。而从众心理的另一种体现原则是：认为某种观念正确的人越多，这种观念就越正确。从众心理在管理、营销以及其他社会生活方面有广泛的作用。聪明的商家和推销人员都会利用从众心理来谋取利益。

4. 先尊重别人，再要求别人尊重自己

好多人是冰棍做的性子，能折不能弯。跟你过几招他干，给你几拳他敢，要他服软不行。他们的口号就是：文打官司武打架，软的硬的全不怕。

其实，这种人也不是真的什么都不怕，他也有一样怕的东西，怕什么呢？怕敬。你看《水浒传》里的霹雳火秦明，杀他的脑袋他也不服软，可是宋江往地上一跪，口称将军，自称罪囚，吓得他立马滚在地上叫哥哥，当了朝廷的"叛徒"。

俗话说得好："人敬我一尺，我敬人一丈。"言下之意，尊重人的首要条件是你得先尊重我，我才尊重你，否则，便难得到我的尊重。强调同志间彼此尊重是没错的，但过分注重前提条件，总是别人先尊重自己，而不想着自己如何尊重别人，那还能形成彼此间的尊重吗？这是很普遍的心理。因为每个人都希望得到别人的尊敬。但是，那些聪明的人，不会先要求别人的尊重，而是首先"敬人一尺"，然后自然会得到"人敬一丈"的回报。

学会取舍：怎样取舍决定怎样的人生

大卫·史华兹初创罗兰奴真服装公司时，因为没多少钱，聘不起服装设计师，只能生产一些很普通的衣服。一天，史华兹去一家零售商店推销成衣。店老板不屑一顾地说："你的衣服是三流设计师设计的，也许你的公司里根本就没有设计师。"

史华兹见他一语说中要害，顿时来了兴趣，便坐下来，同他攀谈起来。原来，此人名叫杜敏夫，是位服装设计师，曾在三家服装公司打工。由于老板没眼光，对他的设计总是不满意，他干不多久就只好走人。后来，他一气之下，索性不搞设计，做起了服装生意。

史华兹相信杜敏夫是一个好设计师，便邀请他到自己的公司工作。谁知杜敏夫竟大叫起来："宁可饿死，也不做服装设计师。"史华兹只得暂时作罢。

后来，史华兹一次又一次地拜访杜敏夫，终于使他接受了邀请。

尽管杜敏夫脾气古怪，很不易相处，但史华兹却以包容之心，真心实意地接受他。后来，杜敏夫设计出了许多极具创意的时装，帮助公司一举打开了市场。

现在，罗兰奴真已成为美国最大的服装公司。

闻名全球的时代华纳公司创始人罗斯，年轻时曾在一家殡仪馆任总裁，后来才投资娱乐业，并收购了多家电影、唱片及艺术公司。

作为一个外行，要经营一份专业性极强的事业，难度可想而知。但他能够运用内行代他经营，所以他的事业做得很成功。

罗斯求贤若渴，千方百计地将各种人才网罗到华纳旗下。即使暂时用不上，他也要请进来，这个部门不行，就调到另一部门，而且绝不轻易解雇人。

有一次，罗斯收购了大西洋唱片公司，并希望该公司总裁厄地根继续担任原职。厄地根听说罗斯出身于殡仪业，顿生轻视之心，打算挂冠而去。罗斯求贤心切，他特地邀请厄地根的一位好朋友，一起去拜访厄地根。厄地根以为罗斯是个大老粗，用法语对朋友说："我不可能与这些人共事！"罗斯也学过法语，立即用流利的法语回敬道："我将保证你拥有现在的一切权力。"

罗斯的诚意终于使厄地根改变了主意，决定留在华纳效力。

还有一次，罗斯收购了美国电视传播公司。他亲自拜访该公司原总裁史丹，劝他留任。罗斯打听到，史丹有一个关于有线电视的全新计划，却因资金不足无法实现，至今引为憾事。于是，他对史丹说："请你以你的想象力来告诉我，在未来五年内，要建立所有的有线电视系统并实现你的梦想，大致需要多少资金？"

史丹一闻此言，立即决定加盟华纳。日后，史丹在实现梦想的同时，也为华纳的有线电视业立下了汗马功劳。

其实，大部分人都怕别人敬，不怕别人贬低。正像有些人说的：怕表扬，不怕批评。为什么会有这种心理呢？这是因为，要把事情做得漂亮是很难的，马马虎虎对付却很容易。你把他看低，他正好拣容易的做，马马虎虎对付你一下。你把他看高，他拗不过你的好意，只好勉为其难地往好里做。

所以，在生活中，为了让对方的表现合乎你的期望，最好是聪明点儿，千万不要随便贬低别人。否则，他的表现可能像你所说的一样糟糕。

当别人尊重自己时，尊重别人很容易做到；而别人不尊重自己时，也能尊重别人就不容易了。其实，在别人不尊重自己时，也能做到宽宏大量、尊重对方，则更为可贵。

人都有一定的自尊心，你要想别人尊重你，你首先便要尊重别人。一个不尊重别人的人，是绝不会得到别人的尊重的。所以，我们要获取他人的好感和尊重，首先必须尊重他人。要做到尊重他人，首先必须平等地对待每一个人。心理学研究表明，人都有友爱和受尊敬的欲望，友爱和受尊重的希望都非常强烈。在沟通中，千万不要伤害对方的自尊，否则，受损失的一定是你自己！

5. 你为别人着想，别人才会为你着想

换位思考是消除隔阂、转化矛盾的溶解剂；换位思考是达成共识、增进团结的阶梯；换位思考是宽容大度的一种人格表现；换位思考是每个人在社会交往中的一门必修课。学会换位思考对于企业、家庭、社会来说，都是构建和谐的法宝。

所谓换位思考，一般是指在双方意见发生分歧或产生矛盾时，能够站在对方的立场上考虑问题，进而提出双方都能够接受的意见或建议，最终解决问题，实现双赢或多赢。

小猪、绵羊和奶牛被关在同一个畜栏里。有一天，小猪被牧人捉住，它大声嚎叫，并且猛烈地反抗。绵羊和奶牛讨厌它的叫声，便说："牧人常常捉我们，但我们却不大呼小叫。"小猪听了回答道："捉你们和捉我完全是两回事，他捉你们，只是要你们的毛和乳汁，但是捉住我，却是要我的命呀！"

这则寓言说明了一个浅显的道理：立场不同、所处环境不同的人，对同一问题的看法、处事态度肯定会有所不同。

正因为人们对问题的看法、处世态度有很大差别，所以在人与人和睦相处时，换位思考很重要。卡耐基先生说："与人相处能否成功，全看你能不能以同情的心理，体谅和接受他人的观点。"以同情的心理，站在对方的立场去看待问题，体谅他人的想法就是换位思考。

换位思考是人际沟通的一大技巧，对交流双方都有好处。因为站在对方的角度考虑问题，传递的是对对方的尊重与体贴，彼此间容易产生

好感、形成理解，并做出积极回应。

生活中如果多一些"换位思考"，就会多一些理解，多一些温言软语，少一些矛盾与争吵。

在办公室，有人老抽烟。

"你把烟熄掉好不好？我受不了。"一位同事喊。可是，抽烟的仍在抽。后来，另一个同事说："少抽一根吧！对你身体不好。"结果，烟很快就灭了。

在人际交往中，换位思考犹如润滑剂，能够促进沟通的顺利进行，甚至能够化解矛盾。

卡耐基每季都要在纽约的一家大旅馆租用大礼堂用以讲授社交训练课程。有一个季度，他刚准备授课，忽然接到通知，房主要他付比原来多3倍的租金。而这时，入场券早已发出，其他准备开课的事宜都已办妥。

两天以后，他去找经理，说："我接到你们的通知时，有点震惊。不过，这不怪你，假如我处在你的位置，或许也会写出同样的通知。你是这家旅馆的经理，你的责任是让旅馆尽可能地多盈利。不过，让我们来合计一下，增加租金，对你是有利还是不利。

"先讲有利的一面。大礼堂不出租给讲课的而是出租给举办舞会、晚会的，那你可以获大利了。因为举行这一类活动的时间不长，他们能一次付出很高租金，比我这租金当然要多得多。租给我，显然你吃大亏了。"

"现在，来考虑一下不利的一面。首先，你增加我的租金，由于我付不起你所要的租金，只好离开，这样一来，你的收入反而降低了。还有，这个训练班将吸引成千的有文化、受过教育的中上层管理人员到你的旅馆来听课，对你来说，这难道不是起了不花钱的活广告作用了吗？事实上，假如你花5000元钱在报纸上登广告，你也不可能邀请这么多

学会取舍：怎样取舍决定怎样的人生

人亲自到你的旅馆来参观，可我的训练班给你邀请来了。这难道不合算吗?"

讲完后，卡耐基告辞了，并说:"请仔细考虑后再答复我。"当然，最后经理让步了。

卡耐基并没有说一句他想要什么，他的成功在于他始终站在对方的角度想问题。

一味地从自己的角度考虑，不管别人的感受，是不可能得到他人的理解与认同的。可以设想，如果卡耐基气势汹汹地跑进经理办公室，与之辩论，即使他能够辩得过对方，旅馆经理的自尊心也很难使他认错而收回原意。

在企业生存和发展过程中，无论领导还是员工都要面对很多不熟悉、不理解、不清楚的领域，如果两者之间学会换位思考，就会消除不必要的误解和隔阂，在领导与员工之间形成同频共振，则不会形成"你吹你的号，我唱我的歌"的被动局面。

对于企业管理来说，换位思考是最适用的一把沟通"钥匙"。美国玫琳·凯化妆公司的创办人玫琳·凯女士，在面对手下员工的时候，她总是设身处地地站在员工角度考虑问题，总是先如此自问:"如果我是对方，我希望得到什么样的态度和待遇。"经过这样考虑的行事结果，往往再棘手的问题都能很快地迎刃而解。

同事间多一些换位思考，岗位上就架起了相互理解的桥梁，就可消除"不愉快的事情"发生，促使团队更具有凝聚力;家庭成员间多一些换位思考，家庭里就会始终充满和睦相处的氛围，再没有不必要的"冷战"，只有更多的欢声笑语;社会上人与人之间多一些换位思考，就可以将复杂的人际关系织成相敬相亲的纽带，避免出现"不必要的冲突"，使世界更加充满爱;全方位多一些换位思考，我们就能凝聚成巨大的力量，化解一切矛盾，战胜一切困难，和谐建设就会取得更大的成功！

以同情的心理，站在对方的立场去看待问题，体谅他人的想法就是换位思考。卡耐基先生曾说过："与人相处能否成功，全看你能不能以同情的心理，体谅和接受他人的观点。"

6. 以沉默来显示宽广的胸襟和气度

俗话说："言语伤人，胜于刀枪，刀伤易愈，舌伤难痊。"与之相对，沉默则能化解矛盾，缓和冲突。

查理与汤姆森是业务部的两名得力干将，也同为销售部经理的候选人。公司有意考察他们的能力，派他们两人一起出差，去洽谈一个大项目。这个项目与公司未来的发展关系重大，因此，公司要求他们随时汇报洽谈进展情况。

两人都明白这次洽谈的分量，也知道彼此在洽谈中的表现将直接影响职务晋升。刚开始，两人配合还算默契，后来却因为一些小问题发生了争执。不过，洽谈工作进展还算顺利。按照公司要求，查理与汤姆森轮流向总经理汇报情况。查理认为，两人有争执是在所难免的，每次汇报工作，他都只谈工作进展，从不提及对汤姆森的不满；而汤姆森则不一样，他把两人协作的情况以及对查理的抱怨也作为了汇报工作的一部分。总经理感到有些奇怪，为什么自始至终都只听到汤姆森对查理单方面的抱怨呢？

工作结束，两人高高兴兴地回公司。令查理惊讶的是，见到汤姆森，同事们都一个劲地恭喜他，说他这次立功了，公司已放话会有重奖。相反，却没有人对自己表示祝贺。一位关系不错的同事告诉他，说大家都知道这次洽谈成功全靠汤姆森。正在这时，总经理打电话过来，

学会取舍：怎样取舍决定怎样的人生

叫查理去趟总经理办公室。

来到总经办，总经理热情地接待了他并询问了更多洽谈细节。他如实地一一作答。接着，总经理又向他了解汤姆森在洽谈中的表现，他也作出了客观的评价。

一个星期之后，公司宣布升任查理为销售部经理。理由是：公司选拔的领导者必须具备宽广的胸襟与度量。而在整个洽谈过程中，查理体现了这一优秀品质。这件事情让查理深有感触，他更深刻地体会了"沉默是金，雄辩是银"的道理。

沉默不仅能化解冲突，也可能产生意想不到的效果。正所谓言多必失，多言多败。因为我们的语言总是有这样或那样的漏洞，许多人在缺乏自信或极力表现时，可能会因语言使用不当给自己带来麻烦。因此，在某些场合，沉默可以避免失言。

古代有名判官叫任迪简，一次赴宴迟到，按照规矩要被罚酒。谁知，倒酒的侍卫一时糊涂，错把醋壶当作酒壶，给判官斟了满满一盅醋。任判官刚喝了一口，就觉出了醋味。不过，他保持了沉默，咬紧牙关一饮而尽。他之所以这样做，是因为他知道，侍卫的领导对军队的管理极其严格，绝不容许手下人犯如此荒唐的错误。如果说出来，侍卫必遭杀身之祸。结果，任判官酸不可支，吐血而归。这件事情传出后，听说这事的人都感动得流泪。任判官这种为人厚道的品格深深为人所称道。

不过，不是谁都能在适当的时候保持沉默，沉默也是需要勇气与智慧的。什么时候应该保持沉默呢？

在自己不了解情况的时候。不论何时何地，如果不了解情况，不要乱发言。如果你是领导者，当员工内部发生争执，要求你做个公断时，适当的沉默是缓兵之计。在不了解情况或未经深思熟虑之前，绝不可表明自己的立场、发表自己的看法。

在自己没有把握的时候。在众人面前，对自己没有把握的事情保持沉默是明智之举。这样既能让自己表现得成熟、稳重，也可避免暴露自己的无知。

在自己想大发雷霆的时候。发怒通常于事无补，于人于己都不利。沉默这种简单的方法或许可以帮助你控制住情感。

沉默并非总是寡言的，沉默甚至是内涵丰富的、别样的表达方式。沉默能够化解一场可能到来的冲突，更能显示出一个人的博大胸襟。

7. 对欺软怕硬的人显示自己寸步不让的决心

一个农庄的庄主，拥有不少的黑人。有一天下午，这个庄主与自己的儿子在磨坊里磨麦，正当他们磨得不可开交的时候，磨房的门静静地被打开了，一名黑人的孩子走了进来。

庄主回头看了看，语气恶劣地问他："什么事？"

那男孩子稚声稚气地回答："我妈让我向您要五毛钱。"

"不行！你这个黑人崽子，穷鬼，滚回去！"

"是。"男孩答应着，可是一点也没有离开的意思。

庄主只专心埋头工作，根本没察觉他还站在那儿。后来再抬起头，看到男孩还静静地站在门口。庄主火了，大声赶他：

"我叫你回去，你听不懂啊！再不走，我让你好看！"

男孩依旧应了声："是。"却仍然动也不动地站在那儿。

这可真把庄主惹恼了，他火冒三丈，重重放下手头的一袋麦子，顺手抓了身边一把秤杆，怒气冲冲地朝男孩走去。然而，那个男孩毫无惧色，不等庄主走去，反先迎着他踏前一步，眼睛眨也不眨地仰视着凶恶的主人，斩钉截铁地说道：

学会取舍：怎样取舍决定怎样的人生

"我妈说无论如何都要拿到五毛钱！"

庄主一下愣住了，细细地端详男孩的脸，缓缓放下了秤杆，从口袋里掏出五毛钱给了男孩。

原本怒气冲冲的庄主为什么会向一个黑人的孩子妥协？因为小男孩不被他的气势所吓倒，反而以硬对硬，挫败了他那不可一世的霸气。

黑人的孩子获胜的法宝是什么？其实就是他寸步不让的硬气。

常言道：柿子只找软的捏。欺软怕硬是人们的一种常见的心理。

第二次世界大战，英国首相张伯伦对贪婪残暴的希特勒妥协，与之签订了荒唐愚蠢的绥靖政策，试图以牺牲一个捷克斯洛伐克来满足希特勒的侵略欲望，却不料希特勒更加趾高气扬，将此举看成是对方软弱与恐惧的表现。随后，希特勒采取了更为大胆的行动，最终加速了二战的到来，结果让5000万无辜的人丧失了宝贵的生命。

对于整个人类，这是一个惨痛的教训。对于每一个公民，这也是值得铭记在心。

有一座庙宇，整个建筑虽不高大，但里面装饰得却非常华丽。庙里供奉着各路神仙鬼魅，有木雕的，有泥塑的，个个刷金抹银，神气活现。庙前有一条水沟，水有些深。

一天，有个路人经过这里。面对庙前的水沟犯愁了，因为他跨又跨不过去，涉水而又深了些。没办法，回头见庙里竖着许多不知名的菩萨，这人不管三七二十一，搬了一座大些的木雕神像便横搭在水沟上，当作桥，走了过去。

一会儿，又走过来一个人，看到神像搁在水沟上给人当桥踩，不停地叹息着说："这是谁干的呀？怎么可以这样对待神像，竟敢这样冒犯神仙啊！"说着，他赶紧把神像扶起来，用自己的衣服将木雕上的尘土拂拭干净，然后小心翼翼地将神像抱回庙中，安放到原来的位置上，并且对着神像一拜再拜后，方才离开。

晚上，庙里的鬼神们愤愤不平地议论开了。一个小鬼说："大王，您住在这里作为神灵，享受着本地百姓的祭祀、膜拜，可是现在却遭到愚顽百姓的侮辱，您为什么不施加灾难惩罚他们呢？"

那个被踩的神像大王说："是的，是应降灾惩罚他们。你说降灾给哪一个呢？"

小鬼说："当然是那个拿大王当桥踩过去的人，因为那人真是太可恶了！"

神像大王说："不，应当把灾祸降给后来的那个人。"

小鬼奇怪地问："前面那个人用脚践踏大王，再没有什么比这种冒犯更严重的了，您却不降灾给他；后来那个人，对大王十分敬重、虔诚，您却要降灾给他，这是为什么呢？"

神像大王说："这你就不懂了。前面那个人早已经不信奉鬼神了，我已无能为力降灾难于他了。因此我的魔法只对那些信奉我的人有效。"

看来，鬼神也怕"恶人"啊！

为人处世，和睦友好相处是原则，不过这是有条件的。这个条件就是相处的对方也是一个渴望和平友好、有理智、讲道理的正常人。

如果对方原本就狂暴、粗俗、不讲道理、欺软怕硬，你大可不必为了与之建立友好的关系而一味地退让，更不能对他低声下气。那样，只会使他傲气冲天，得寸进尺，更加不把你放在眼里。

欺软怕硬是人们的一种常见心理。为人做事，力求与人友好相处。不过，如果对方原本就狂暴，不讲道理，欺软怕硬，你大可不必一味退让，更不能对他低声下气。反之，你应该寸步不让，以硬气予以回击，坚持自己的做事原则，维护自己的利益，对方最终会屈服于你。

8. 多听对方说，并尽量让对方多说

听别人说，引导别人多说，这才是有效的沟通之道。的确，他说得越多，你对他了解得也就越多。

某公司的经理，当他试着鼓励员工积极主动参与会议讨论时，他发现没有多大效果。于是，他在员工会议上做了录音，会后，他仔仔细细地听了一遍回放录音，惊讶地发现原来问题就在自己身上。例如，当他提出一个问题进行讨论时，自己首先就说："你怎么想的？我是这么想的……"这样就把讨论集中到他自己的观点上了。录音帮助他发现了矛盾，解决了问题。此后，他说得少了，员工们自然说得多了，他获知的信息也就多了。

总而言之，你说得越多，了解得就越少，而让对方多说，你了解得也就越多。

谈论自己太多，而让别人说得太少是许多人人际关系不够好、人际网络不够宽的重要原因。如果一个人说得太多，别人说话的时间就少了，你就无法知道什么对他是重要的，赢得他人好感的办法是什么。只有自己少说、引人多说，才能激发别人与你互动的兴趣，才能与之建立良好的关系。

怎样引别人多说呢？"设问"是一大秘诀。

所谓"设问"，就是用自问自答的形式来突出主要论点，申述所要申述的问题，引人注意的一种修辞方法。合理地使用设问，能给人悬念，引起关注，催人思考。人们了解之后，疑惑便可以烟消云散了。

联邦自动售货机制造公司的业务部要求所有的推销员去从事业务时，都带上一块两英尺宽三英尺长的厚纸板，纸上写着："要是我可以

告诉您如何让这块地方每年收入 500 美元，你会感兴趣的，对吗?"当推销员与顾客见面时，就打开纸板铺在柜台或者合适的地方，引起顾客的注意与兴趣，引导顾客去思考，从而转入正题。这个方法让该公司的市场不断扩大。

"设问"是沟通过程中一大利器，是接近那些难以接近的人的最好办法。如果你想在你的生活与工作中，与需要建立关系但又很难相处的人交往，你可巧妙地设问，让他们多多谈论自己。要知道，人们在谈论自己的时候，总是高兴的、投入的，只要他们高兴了，便容易与你形成互动。

原平太郎前去拜访一位建筑企业的董事长横路靖三先生。可是横路靖三并不愿意理会原平太郎，一见面就给他下了逐客令。原平太郎并没有退缩，而是问横路靖三先生："横路靖三先生，咱们的年龄差不多，但您为什么能如此成功呢? 您能告诉我吗?"

原平太郎在提这个问题时，语气非常诚恳，脸上表现出来的跟他心里想的一样，就是希望向横路靖三先生学习到其成功的经验。面对原平太郎的求知渴求，横路靖三不好意思回绝他。于是，他就请原平太郎坐在自己座位的对面，把自己的经历开始向他讲述。没想到，这一聊就是三个小时，而原平太郎始终在认真地听着，并在适当的时候提了一些问题，以示请教。

最后，横路靖三的建筑公司里的所有保险，都在原平太郎那里下保单了!

所以，明知故问也不是瞎问，你要问那些让对方感兴趣的、引以为豪的。比如他辉煌的业绩、成功的经验，他目前最关心的问题以及他最感兴趣的问题等。

那么怎样创造设问句呢?

首先，要确定内容。在日常生活中，设问句还是比较实用的。如:

在一个闹哄哄的场所，你使劲地喊，可能效果并不怎样，但你如果来个"大家看，今天我带来了什么宝贝？"稍微停顿一下，然后说，"哦！原来是个……"大家的注意力一下子就被吸引过来了。所以，我们在创作前，想好要说的内容。

其次，要注意自问自答，给读者或听众造成悬念。我们创作设问句的目的是为了吸引读者的兴趣，所以，一问一答要精心设计，切不可马虎。

9. 利用"自己人效应"，将他变成自己人

在人际交往中，彼此会相互影响。这种相互影响有时是无意的，有时则是有意的，即一方对另一方有意识地施加影响，以便矫正对方某种行为。有意施加影响的技巧很多，"自己人效应"便是其中之一。所谓"自己人"，是指对方把你与他归于同一类型的人。"自己人效应"是指对"自己人"所说的话更信赖、更容易接受。

冯玉祥将军在他的"丘八诗"中号召士兵："重层压迫均推倒，要使平等现五洲。"他热爱体贴士兵，关心他们的生活，曾亲自为伤兵尝汤药，擦身搓背，甚至和士兵一样吃粗茶淡饭。所以，士兵们都感到冯将军没有架子，与自己处于平等地位，因而都尊重和听他的话，有什么想不通的事都愿意找他说。

说服别人按照你的建议去做，只是向人们提出好建议是远远不够的，可以强化和发挥"自己人效应"，让人们喜欢你。避免好的建议遭到拒绝。

"自己人效应"运用的关键，其实就是获得他人的好感、建立友谊。而影响人们喜欢一个人的因素有很多个，因此这些都可以作为我们

的策略。

首先就是外表的吸引力。

相信上学时很多人都会遇到这样的情况：老师对那些漂亮的孩子们比较偏好，通常认为漂亮就等于学习好；而长大后，我们大多数人依然有着这样的看法：漂亮就等于人品好。

其实，这不是我们的错，这就是"自己人效应"的表现。因为一个人某一个正面特征会主导人们对这个人的整体看法。

虽然我们都知道评价一个人应该全面和客观，但那只是理想，很多人在 7 秒钟内就被人拒绝了。而有些人，却有了一见钟情。

这里所说的外表，不仅仅是外表，还包括言谈举止。而这些，跟我们的相貌、衣着等一起，形成了给人的第一印象。你决定不了自己的相貌，但是你一定要注意自己的仪表、谈吐和举止，这也决定了你在对方心目中是否能受到欢迎。

其次，应强调双方一致的地方，使对方认为你是"自己人"，从而使你提出的建议易于被接受。所谓"双方一致的地方"，就是相似性。

物以类聚，有着相同兴趣、爱好、观点、个性、背景，甚至穿着的人们，更容易有亲近感。努力使双方处于平等的地位。你要想取得对方的信赖，先得和对方缩短心理距离，与之处于平等地位，这样就能提高你的人际影响力。

再次，要有良好的个性品质。人的良好个性品质是增强人际影响力的重要因素。心理学研究证明：具备开朗、坦率、大度、正直、实在等良好个性品质的人，人际影响力就强；反之，有傲慢、以自我为中心、言行不一、欺下媚上、嫉贤妒能、斤斤计较等不良个性品质的人，是最不受欢迎的人，也就没有人际影响力可言。所以，我们每个人要加强良好个性品质修养，以增强自己的人际影响力。

最后则是称赞。从心理学来说，每个人的内心都是渴望被赞赏的。

学会取舍：怎样取舍决定怎样的人生

而发自内心的称赞，更会激发人们的热情和自信。古往今来，很多看似无德无能之人，却能得到重用，这便是最重要的法宝之一。

喜好，这是个简单而有用的原理。人们总是比较愿意答应自己认识和喜好的人提出的要求。其应用的关键就在于如何获得他人的好感，及建立友谊。为此，你可以通过提高外表的吸引力、寻找并增强与对方的相似性、与对方接触等来实现。

10. 激起并满足对方的需求，你就会八面玲珑

美国独立战争时有一个著名的高级将领叫伊德·乔治，在战争结束后他依旧雄踞高位。于是有人问他："很多战时的领袖现在都退休了，你为什么还能身居高位呢？"

乔治回答说："如果希望保持官居高位，那么就应该学会钓鱼。钓鱼给了我很大的启示。从鱼儿的愿望出发，放对了鱼饵，鱼儿才会上钩，这是再简单不过的道理。不同的鱼要使用不同的钓饵，如果你一厢情愿，长期使用一种鱼饵去钓不同的鱼，你一定会劳而无功的。"

这是从钓鱼中所悟出的人际交往的原则，是经验之谈，也是深刻领悟人性心理所得出的智慧的总结。

卡耐基说："每一年的夏天，我都去梅恩钓鱼。以我自己来说，我喜欢吃杨梅和奶油，可是我看出由于若干特殊的理由，水里的鱼爱吃小虫。所以当我去钓鱼的时候，我不想我所要的，而想它们所需求的。我不以杨梅或奶油作引子，而是在鱼钩上扣上一条小虫或是一只蚱蜢，放下水里，向鱼儿说：'你要吃那个吗？'"

钓鱼的道理谁都应该懂。可是如果你希望拥有完美的交际，为什么不采用卡耐基的方法去"钓"人呢？

卡耐基还说，世界上唯一能够影响对方的方法，就是时刻关心对方的需求，并且还要想方设法满足对方的这种需求。

有一次，艾默逊和他的儿子，要把一头小牛赶进牛棚里去，可是父子俩都犯了一个常识性的错误，他们只想到自己所需求的，没有想到那头小牛所需求的。

艾默逊在后面推，儿子在前面拉。可是那头小牛也跟他们父子一样，也只想自己所想要的，所以发起了牛脾气，拒绝离开草地。

这种情形被旁边的一个爱尔兰女佣看到了。这个女佣不会写书，也不会做文章，可是至少她懂得牲口的感受和习性，她想到了这头小牛所需求的。这个女佣人把自己的拇指放进小牛的嘴里，让小牛吮吸拇指，用很温和的方法把这头倔强的小牛引进了牛棚里。

汽车大王亨利·福特曾说过这样的至理名言：如果成功有什么秘诀的话，那就是站在对方的立场来看问题，并满足对方的需求。

这话实在是再简单、再浅显不过了，任何人都应该一眼看出其中的道理，但我们绝大多数人在绝大多数时间都忽略了它，就像艾默逊和他的儿子牵小牛进牛棚一样。

道理都是最浅显而明白的，任何人都能够获得这种技巧。可是这种"只想自己"的习惯却是很不容易改变，因为你自从来到这个世界上，你所有的举动、出发点都是为了你自己，都是因为你需求些什么。一旦你思考问题的角度变成别人的需求，你会更容易达到自己的目的，所得到的也会更多。

人们去买一样东西，是因为它能满足自己的需求。假如有个推销员，他的服务和货物，确实能够帮助人们解决一个问题，他不必喋喋不休地向对方推销，对方就会买他的东西。

所以欧弗斯基德教授说："先激起对方某种迫切的需求，若能做到这点就可左右逢源，否则到处碰壁。"

怎样才能知道对方想要的是什么呢？当然就是沟通，对在沟通中获取的信息进行分析和判断，我们就比较容易知道对方想要的是什么。

其实，在日常生活中，我们经常会遇到各种各样的障碍，拨开这些障碍所散播的迷雾，我们会发现，在很多情况下，是我们并不清楚对方想要的到底是什么，如果我们无法满足对方的需求，就容易使问题复杂化。

激起并满足对方的需求，其实并不难，我们可以从以下几方面着手：

1. 尊重的需求。自尊心自幼即有，一旦受到伤害，便会痛苦不已。如果受到尊重，则会感到欣慰和满足。

2. 自主和表现的需求。人人都希望按自己的思想和意志办事，这就是自主的需求。每个人都希望在别人面前表现自己，于是尽可能发挥自己的才能，运用自己的智慧，创造出可观的劳动成果，使自我表现心理得到满足。

3. 爱好和感情的需求。人都有各自的爱好，你应尽可能为满足对方的心理需求提供方便，这样会使对方得到最大的满足。

4. 交往和社交的需求。社会是人生活乐趣的源泉之一，不要忽略了这点。

5. 宣泄的需求。人逢不快或心情郁闷时，总想找人诉说一番一吐为快。如果你能充当这个角色，那么就不要错过。

在这里要强调的是，需求是指个体在社会生活中缺乏某种东西在人脑中的反映，它既是一种主观意识，也是一种客观需要的反映。其中包括人的生理需要和人的社会需要——即人的物质需要和精神需要两个方面。需求是人的积极性的基础和根源，满足了对方的需求，就可以获得对方的好感。

中篇　学会低调：
低调是为人处世的定海神针

俗话说地低成河、人低成王，不管你的目标有多高，身份有多高，都必须把低调作为自己的行为准则。因为唯有低调，才能赢得周围人的支持；唯有低调，才能避免自己成为别人攻击的目标，从而减少人生路上的障碍。无数惨痛的事实告诉我们：低调是达到高标的必要手段，低调是为人处世的定海神针。

第四章
有一种智慧叫低调做人

1. 低调做人万事顺

年轻者往往气盛：有时候觉得自己什么都不怕，什么都可以做。偶尔会觉得自己有点不知天高地厚，总是把事情想象得很美妙，但又跌得很惨，也时常宽慰自己，年轻人嘛，犯错误是正常的，但是总犯错误不行，而且渐渐地也不年轻了。什么都会的天才毕竟是极少数，而且天才也不一定什么都能办好。要相信能人多得是，自己那点小招数，还够不上如此嚣张跋扈的。不是别人没有能耐，是别人不屑与你争。

面对物欲横流的世界，做人难，做一个低调的人更难，难于从躁动的情绪和欲望中稳定心态；这是一种修为，是一种对人生的理解，必须把自己调整到以一个合理的心态去踏踏实实做人。当然这其中包含了很多值得人们好好品味的内容。

首先，在行为上要低调，"财大不可气粗，居高不可自傲"，做人不能太精明，例如：《红楼梦》中的王熙凤"机关算尽太聪明"，乐极生悲。

其次，在心态上要低调，不要锋芒毕露，不要恃才傲物，要知道谦逊是终生受益的美德。

第三，在姿态上要低调，"大智若愚，实乃养晦之术"，毛羽不丰时，要懂得让步；时机未成熟时，要挺住。所谓"高处不胜寒"，低调

80

做人也未尝不是件好事。

第四，在言辞上要低调，说话时莫逞一时口头之快，不可伤害他人自尊，不要揭人伤疤，得意而不忘形。要知道祸从口出，没必要自惹麻烦。

低调做人，不是指低声下气，奴颜婢膝，而是指要始终把自己当成普通一分子，使自身融入到大众中去，融入到社会中去，不追名逐利，不自命不凡，为人处世不张扬；高调生活，不是指高人一等，居高自傲，而是说精神境界要高，见解见识要高，综合素质要高，品位要高，不庸俗。

没有人不期望自己拥有更多的朋友，没有人不期望自己得到更多尊重，没有人不期望自己成就更多的事业，没有人不期望自己有更好的生活品质。

高调生活，就是说在心志上要高调，立高远之志，创辉煌人生。要有勇气，有梦想，要知道锲而不舍才能成就传奇。

首先，在行为上要高调，心动不如行动，拥有梦想就要去行动，要相信自己的潜在优势，犹豫不决的人将一事无成。

其次，在心态上要高调，要乐观，要时常给自己希望，保持向上的激情，别让借口"吃掉"你的希望；要坚定生活的信念，相信丑小鸭也能变成白天鹅，把挫折当成垫脚石，对生活充满热情。

再次，在细节上要高调，注重细节，从小事做起。用心做事，对待任何事情，即使小事也要倾注全部热情。

在我们的日常生活中，形形色色、各式各样的人都有，与人相处，无论是生活中还是工作中，只要你稍微有点处理不当，就很有可能招来不少麻烦。轻则，工作不愉快；重则，影响自己的职业生涯。因此，在与人相处的艺术中，低调做人相当重要，特别是在与小人的相处中，更加重要。

学会低调做人就是不要把自己的心理能量浪费在无谓的人际斗争中，即使你认为自己的能力比别人强，即使你认为自己满腹才华，也要学会保留，学会隐藏，学会克制，这是保护自己的有效手段，也是一种能量的内敛。不招人嫌、不卷进是非、不招人嫉妒、无声无息地把自己要做的事情做好，出色地完成自己的任务，永远都是最重要的事情。我们不要抱怨自己的功绩成了别人的功德，不要抱怨自己怀才不遇，不要自视清高，不要招摇过市，那是一种肤浅的行为。我们要相信：我们还有很多不懂的，不懂的比懂的多；我们同样要相信：世界上有才华的人比不如我们的人多。

作为年轻人，有冲劲，敢闯敢拼确实不错，但是什么事情都要有度，真理再向前一步就是谬论，凡事都是过犹不及。所以，我们应该时刻保持冷静，做人要低调。低调做人是一种境界，一种修炼。即使随波逐流，也不要成为有个性的异类。不要想着自己什么时候都是焦点，都是明星，有时候做一个无名小卒更合适。

美国开国元勋之一的富兰克林年轻时，去一位老前辈的家中做客，昂首挺胸走进一座低矮的小茅屋，一进门，"嘭"的一声，他的额头撞在门框上，青肿了一大块。老前辈笑着出来迎接说："很痛吧？你知道吗？这是你今天来拜访我最大的收获。一个人要想洞明世事，练达人情，就必须时刻记住低头。"富兰克林记住了，也成功了。

低调做人，是一种品格，一种修养，一种胸襟，一种智慧，一种姿态，一种风度，更是一种谋略，是做人的最佳姿态。欲成事者必要宽容于人，进而为人们所容纳、所赞赏、所钦佩，这正是人能立世的根基。根基坚固，才有枝繁叶茂，硕果累累；倘若根基浅薄，便难免枝衰叶弱，不禁风雨。而低调做人就是在社会上加固立世根基的绝好姿态。低调做人，不仅可以保护自己、融入人群，与人们和谐相处，也可以让人暗蓄力量、悄然潜行，在不显山不露水中成就事业。

低调做人不仅是一种境界，一种风范，更是一种哲学。绝大多数成功者都或多或少受到过这一哲学思想的启示。

2. 咽下一口气问题自然解决

一句美好的语言也许并不能化坚冰为温泉；但假如你想引起一场令人至死难忘的怨恨，或许只要发表一点尖刻的批评即可。

人与人之间经常会产生矛盾，有的是因为认识的水平不同；有的是因为对对方不了解；有的是原本有某些偏见和误解。如果你有较大的度量，以谅解的态度对待别人，忍住最容易爆发的激动情绪，这样你就可能赢得时间，矛盾也可能得到缓和。

爱因斯坦博士是全世界都尊敬的人，他是全球数学、物理方面无可争议的专家。这位创造相对论和原子理论的人，竟然也咽下过一口"气"。有一天，他上汽车后，正想一个问题，数错了钱。售票员大声讽刺他："你这么大个人，会不会算数呀！"爱因斯坦一笑置之："不会就不会吧！"

社交过程中，由于偏见和误解常常会使一方伤害另一方，假设另一方耿耿于怀，那关系就无法融洽。如果受伤害的一方有很大的度量，不念旧恶，那会使原先持偏见者感情受到震动。

度量问题不是个无关紧要的小问题。度量如海还是度量如杯，在重要关头，它就可以关系到事业的成败。为一点小事斤斤计较，争吵不休，既伤害了感情，影响了友谊，也无益于你成大事，结果不是双赢而是两败。因此，捐弃个人成见，不在社交场合为区区小利争斗，不为炫耀自己而去贬低他人，发扬一点忍让精神，对许多事情进行"冷处理"，摆脱互相之间无原则的纠缠和不必要的争执，不计较一切无关大

学会低调：低调是为人处世的定海神针

局的小事……那么，你的风度将会获得社交场合中众人的青睐，你的事业也会如虎添翼，收到双赢的效果。

有位爱尔兰人名叫欧·哈里，上过卡耐基的课。他受的教育不多，可是很爱抬杠。他当过人家的汽车司机，后来因为推销卡车不顺利，来求助于卡耐基。听了几个简单的问题，卡耐基就发现他老是跟顾客争辩。如果对方挑剔他的车子，他立刻会涨红脸大声强辩。欧·哈里承认，他在口头上赢得了不少的辩论，但没能赢得顾客。他后来对卡耐基说："在走出人家的办公室时我总是对自己说，我总算整了那混蛋一次。我的确整了他一次，可是我什么都没能卖给他。"

所以，卡耐基的难题是如何训练欧·哈里自制，避免争强好胜。欧·哈里后来成了纽约怀德汽车公司的明星推销员。他是怎么做到的呢？这是他的说法："如果我现在走进顾客的办公室，而对方说：'什么？怀德卡车？不好！你就送我我都不要，我要的是何赛的卡车。'我会说：'老兄，何赛的货色的确不错，买他们的卡车绝错不了，何赛的车是优良产品。'"

"这样他就无话可说了，没有抬杠的余地。如果他说何赛的车子最好，我说没错，他只有住嘴了。他总不能在我同意他的看法后，还说一下午的何赛车子最好。我们接着不再谈何赛，我就开始介绍怀德的优点。"

"当年若是听到他那种话，我早就气得脸一阵红、一阵白了——我就会挑何赛的错，而我越挑剔别的车子不好，对方就越说它好。争辩越激烈，对方就越喜欢我竞争对手的产品。"

"现在回忆起来，真不知道过去是怎么干推销的！以往我花了不少时间在抬杠上，现在我守口如瓶了，果然有效。"

正如明智的本杰明·富兰克林所说的："如果你老是抬杠、反驳，也许偶尔能获胜，但那只是空洞的胜利，因为你永远都得不到对方的好感。"

因此，你自己要衡量一下，你是宁愿要一种字面上的、表面上的胜利，还是要别人对你的好感？你可能有理，但要想在争论中改变别人的主意，一切都是徒劳。那就不妨试试先咽下一口气再说。

3. 津己宽人是积福修德的根源

为人处世能够做到忍让，是很高明的方法，因为退让一步往往是进步的阶梯；对待他人宽容大度就是有福之人，因为在便利别人的同时，也为方便自己奠定了基础。

齐国相国田婴门下，有个食客叫齐貌辨，他生活不拘细节，我行我素，常常犯些小毛病。门客中有个士尉便劝田婴不要与这样的人打交道，田婴不听，那士尉便辞别田婴另投他处了。为这事门客们愤愤不平，田婴却不以为然。田婴的儿子孟尝君便私下里劝父亲说："齐貌辨实在讨厌，你不赶他走，倒让士尉走了，大家对此都议论纷纷。"

田婴一听，大发雷霆，吼道："我看我们家里没有谁比得上齐貌辨。"这一吼，吓得孟尝君和门客们再也不敢吱声了。而田婴对齐貌辨却更客气了，住处吃用都是上等的，并派长子侍奉他，给他以特别的款待。

过了几年，齐威王去世了，齐宣王继位。宣王喜欢事必躬亲，觉得田婴管得太多，权势太重，怕他对自己的王位有威胁，因而不喜欢他。于是田婴被迫离开国都，回到了自己的封地薛。其他门客见田婴没有了权势，都离开他，各自寻找自己的新主人去了，只有齐貌辨跟他一起回到了薛地。回来后没过多久，齐貌辨便要到国都去拜见宣王，田婴劝阻他说："现在宣王很不喜欢我，你这一去，不是去找死吗？"

齐貌辨说："我本来就没想要活着回来，您就让我去吧！"田婴无可奈何，只好由他去了。

宣王听说齐貌辨要见他，憋了一肚子怒气等着他。一见齐貌辨就说："你不就是田婴很信任、很喜欢的齐貌辨吗？"

"我是齐貌辨。"齐貌辨回答说，"靖郭君（田婴）喜欢我倒是真的，说他信任我的话，可没这回事。当大王您还是太子的时候，我曾劝过靖郭君，说：'太子的长相不好，脸颊那么长，眼睛又没有神采，不是什么尊贵高雅的面目。像这种脸相的人是不讲情义，不讲道理的，不如废掉太子，另外立卫姬的儿子郊师为太子。'可靖郭君听了，哭哭啼啼地说：'这不行，我不忍心这样做。'如果他当时听了我的话，就不会像今天这样被赶出国都了。"

"还有，靖郭君回到薛地以后，楚国的相国昭阳要求用大几倍的地盘来换薛这块地方。我劝靖郭君答应，而他却说：'我接受了先王的封地，虽然现在大王对我不好，可我这样做对不起先王呀！更何况，先王的宗庙就在薛地，我怎能为了多得些地方而把先王的宗庙给楚国呢？'他终于不肯听从我的劝告而拒绝了昭阳，至今守着那一小块地方。就凭这些，大王您看靖郭君是不是信从我呢？"

宣王听了这番话，很受感动，叹了口气说："靖郭君待我如此忠诚，我年轻，丝毫不了解这些情况。你愿意替我去把他请来吗？我马上任命田婴为相国。"

田婴待人宽和，终因此而复相位。

为人处世，忍让为本。但律己宽人同样是积福修德的好根由。为人在世，谁也保证不了不犯错误，谁也难免得罪人，但能得到别人的宽容，你自然会感激不尽。当然，别人也会冲撞于你，冒犯于你，若你能宽容待之，人家就会认为你坦诚无私，胸襟广阔，人格高尚，于是你的身边会挚友云集，并且为你赴汤蹈火。

4. 争一世而不争一时

面前的田地要放得宽，使人无不平之叹；身后的恩泽要流得久，使人有不匮之思。

——《菜根谭》

这段话翻译过来就是：一个人为人处世的心胸要宽厚，使你身边的人不会有不平的牢骚；死后留给子孙与世人的恩泽要流得长远，才会使子孙有不断的思念。

东汉时，班超一行在西域联络了很多国家与汉朝和好，但龟兹恃强不从。班超便去结交乌孙国。乌孙国王派使者到长安来访问，受到汉朝友好的接待。使者告别返回，汉帝派卫侯李邑携带不少礼品同行护送。

李邑等人经天山南麓来到于阗，传来龟兹攻打疏勒的消息。李邑害怕，不敢前进，于是上书朝廷，中伤班超只顾在外享福，拥妻抱子，不思中原，还说班超联络乌孙，以至牵制龟兹的计划根本行不通。

班超知道了李邑从中作梗，叹息说："我不是曾参，被人家说了坏话，恐怕难免见疑。"他便给朝廷上书申明情由。

汉章帝相信班超的忠诚，下诏责备李邑说："即使班超拥妻抱子，不思中原，难道跟随他的一千多人都不想回家吗？"诏书命令李邑与班超会合，并受班超的节制。汉章帝又诏令班超收留李邑，与他共事。

李邑接到诏书，无可奈何地去疏勒见了班超。班超不计前嫌，很好地接待李邑。他改派别人护送乌孙的使者回国，还劝乌孙王派王子去洛阳朝见汉帝。乌孙国王子启程时，班超打算派李邑陪同前往。

有人对班超说："过去李邑毁谤将军，破坏将军的名誉。这时正可

学会低调：低调是为人处世的定海神针

以奉诏把他留下，另派别人执行护送任务，您怎么反倒放他回去呢?"

班超说:"如果把李邑扣下的话，那就气量太小了。正因为他曾经说过我的坏话，所以让他回去。只要一心为朝廷出力，就不怕人说坏话。如果为了自己一时痛快，公报私仇，把他扣留，那就不是忠臣的行为。"

李邑知道后，对班超十分感激，从此再也不诽谤他人。

人生在世究竟该怎样做人? 从古至今是人们争论的一个话题。是"争一世而不争一时"，还是"争一时也要争千秋";是只顾个人私利不管他人"瓦上霜"，还是多为人类做些有益的事，做出贡献? 这实际上是两种世界观的较量。

生活中，一个心胸狭窄的人，必然招致他人的不满。人在世时宽以待人，善以待人，多做好事，遗爱人间必为后人怀念。正所谓"人死留名，豹死留皮"，爱心永在，善举永存。而恩泽要遗惠长远，则应该多做在人心和社会上长久留存的善举。只有为别人多想，心底无私，眼界才会广阔，胸怀才能宽厚。

5. 过自己真正想过的生活

真实的自己，就是真正的自我。人们活着，不知道还有另一个自己，这就如同鱼天天在水中游来游去，却不知有水一样。有一位诗人曾说:"要爱自己，只有时时刻刻凝视着真实的自己。"然而，当代人在看自己时却模糊不清，原因是离真实的自我越来越远。如果你能每天花几秒钟仔细看看自己的眼睛，你将发现真实的自己。

著名畅销书作家泰德曾经写过一本书《为自己活着》，一经出版后立刻造成轰动，迄今创下销售七十余版的纪录。

泰德在书中阐释一种自由主义的思想，鼓励每个人不需跟从世俗标准随波逐流，而是应该依自己的方式去选择有价值的人生，使自己活得快乐，活得自由。你活得快乐吗？自由吗？读这本书的人都学得"心有戚戚焉"，因为他们的心事被看穿，他们发现自己这辈子为了父母而活、为了配偶而活、为了子女而活、为了房屋贷款而活、为了取悦老板而活、为了身份地位而活……总之，有各种"为别人活"的理由，却始终没有为"自己"好好活过。

为了别人而活，经常使人陷入进退两难的境地，他们过着不快乐的生活，做着不合志趣的事，即使是他们当中不乏外表看起来功成名就的人，但他们心中仍有一种想"冲破现状"的欲望。

你是不是会有这样的感受？虽然职位愈爬愈高，薪水也日益上涨，但这并不是你想过的生活，纵使人人羡慕你，但其实这些表象只不过是生活无趣的"安慰品"罢了，你心里想的很可能只是散散步、种种花、饲养动物、看几本好书、和好友把酒言欢等这些再简单不过的事情而已。

歇尔女士是美国有名的心理专家，同时也是《热情过活》的作者。歇尔经常受邀为企业做生涯咨询，她观察，尽管很多人生涯发展的步调快速，却愈来愈失落，因为这些人未找到正确的生活轨道，所以常常会感到焦躁不安。歇尔比喻："这就好像是在高速公路上往错误的方向加速前进，但又不见回转道。"

歇尔同时发现，很多人都犯了相同错误：误以为"能力"等于"快乐"。但是，一人"能"做的事，并不一定就是他"想"做的事。例如：一个"能"赚两百万年薪的人，他"想"做的也许只是陪心爱的小女儿游戏。

美国人曾经做过一个调查，得知的结果出乎意料，竟然有高达百分之九十八的人工作不快乐，而他们之所以继续呆在原来的位置，并非完全是受制于经济因素，而是不知道自己还"想"做些什么。即使他们"想"为自己活，却找不到"着力点"。

要找出自己真正想过的生活，其实并非难事，最直接的方法就是从你的兴趣寻找线索。你可以问自己几个问题：在过去的经验里，有哪些令你振奋的嗜好？假设说，维持基本的物质需求无虞，你会把剩余的时间、精力用在哪里？

你是不是花了太多的力气去追逐身外之物，或者为了满足别人，而把自己内心的真爱丢弃不顾？

想为自己活，就是要去做自己喜欢的事。穷尽毕生之力做自己不喜欢的事，谈何"为自己活"？

6. 善待他人，就是善待自己

中国有句处世之道的古话叫："与人为善"，是说人不论到什么时候，都要以善的一面对待别人。与人为善是人际交往中一种高尚的品德，是智者心灵深处的一种沟通，是仁者个人内心世界里一片广阔的视野。它可以为自己创造一个宽松和谐的人际环境，使自己有一个发展个性和创造力的自由天地，并享受到一种施惠于人的快乐，从而有助于个人的身心健康。

与人为善并不是为了得到回报，而是为了让自己活得更快乐。与人为善其实是极易做到的，它并不要你刻意去做，只要有一颗平常的心就行了。

在《本生经》中，载有这样一个有关"月与兔"的故事：

有一次，猴子、狐狸、兔子在一起玩。正玩得高兴的时候，突然看见一个饿得快要发昏的旅者拖着疲惫的脚步走了过来。

这三个动物都很可怜他，就四处为他寻找食物。结果，猴子和狐狸都找回了很多吃的，只有兔子两手空空的回来了。于是，兔子跃身跳入火中，将自己的身体献给旅者当食物。

就在这时，旅者化为佛陀，感动于兔子那种舍己为人的慈悲心，把它送入月亮的世界，至此之后才有兔子住在月宫的传说。

在这个故事中，兔子的善行被加大宣扬，猴子和狐狸也有善行，却被忽略或轻视了。当然，如果将以找到食物的本领为标准来评判价值的话，那么猴子和狐狸则要比兔子更值得赞扬。可问题是，我们所强调的不在其奉献的是什么，而在其如何去奉献。

在日常生活中，你无非是想丰富自己生活、实现自己的价值。而这所有的一切，归根到底，都来自于你是否善待他人。与人为善不仅给你财富，还使你拥有被他人喜爱的充实感。记住：只有与人为善，才能求得长远财富；奸人只能造就一时的得意，却不能品味充实自信的人生。

与人为善来源于高尚。"人心本善"，"世界终将大同"，"只要人人都献出一点爱，世界就会变成美好的人间"……有了这样的情操，人生杠杆才有了支点，人们行动才有了指南，理想大厦才有了精神支柱。

与人为善也来源于自信。无论生活以什么样的方式回报他，他都能应对自如。正如一位诗人所说："报我以崎岖吗？我是一座大山严肃地思索；报我以平坦吗？我是一条欢快的小河；报我以不幸吗？我是一根劲竹经得起狂风暴雨；报我以幸福吗？我是一只凌空飞翔的燕子。"

释迦在世的时候，有一个名叫难达的老婆婆很想拿些什么东西来供养释迦，但可惜的是，老婆婆非常贫困，根本拿不出任何东西。

一天，老婆婆想用灯火来供养释迦，就到集市上去买灯油，卖家问她："你穷的连饭都吃不上了，为什么不把买油的钱拿来买粮食呢？"

老婆婆说："我就是因为太穷了，一向都拿不出东西来供养佛陀。现在想，至少要在自己的余生里供养一次，才来买油的。"

老婆婆回家后，便为佛陀点起灯火。这一夜，风很大，别人的灯火

学会低调：低调是为人处世的定海神针

都被风吹灭了，唯独老婆婆那微弱的灯火却没有熄灭。释迦的弟子们看到这种情况，很是不解，于是就问释迦。释迦解释说："虽然老婆婆的供养很小，但它却包容了全心全意。"

这是《阿阇世王授诀经》中所载的一个故事，这则故事也强调了精神的施与比物质的施与更令人尊重的观点。

现实生活中，有些人不讨人喜欢，甚至四面楚歌，主要原因不是大家故意和他们过不去，而是他们在与人相处时总自以为是，对别人随意指责，百般挑剔，人为地造成矛盾。只有处处与人为善，严以责己，宽以待人，才能建立与人和睦相处的基础。在很多时候，你怎么对待别人，别人就会怎么对待你。这就教育我们要待人如待己。在你困难的时候，你的善行会延伸出另一个善行。

孟子曾经说过："君子莫大乎与人为善。"善待他人是人们在寻求成功的过程中应该遵守的一条基本准则。在当今这样一个需要合作的社会中，人与人之间更是一种互动的关系。只有我们去善待别人、帮助别人，才能处理好人际关系，从而获得他人的愉快合作。那些慷慨付出、不求回报的人，往往更容易获得成功。总之，善待他人就是善待自己。如同我国有句古语说的那样：授人玫瑰，手留余香。

市场经济，红尘滚滚。似乎地位、金钱、利益决定一切。于是有的人便认为，与人为善的精神已变得陈旧而失去了光泽。其实，人们需要善良，世界需要善良，你自己也需要善良。

7. 表面的弱者是真正的强者

有些人看上去平平常常，甚至还给人"窝囊"不中用的感觉，但这样的人并不可小看。有时候，越是这样的人，越是在胸中隐藏着高远的志向抱负，而他这种表面"无能"，正是他心高气不傲、富有忍耐力和成大事讲策略的表现。这种人往往能高能低、能上能下，具有一般人所没有的远见卓识和深厚城府。

刘备一生有"三低"最著名，它们奠定了他王业的基础。一低是桃园结义。与他在桃园结拜的人，一个是酒贩屠户，名叫张飞；另一个是在逃的杀人犯，正在被通缉，流窜江湖，名叫关羽。而他，刘备，皇亲国戚，后被皇上认为皇叔，肯与他们结为异姓兄弟。刘备这样做，两条浩瀚的大河向他奔涌而来，一条是五虎上将张翼德，另一条是儒将武圣关云长。而刘备的事业，也从这两条河开始汇成汪洋。

二低是三顾茅庐。为一个未出茅庐的后生小子，前后三次登门求见。不说身份名位，只论年龄，刘备差不多可以称得上长辈，这长辈喝了两碗晚辈精心调制的闭门羹，毫无怨言，一点都不觉得丢了脸面，连关羽和张飞都在咬牙切齿。但这又一低，一条更宽阔的河流汇入他宽阔的胸怀，一张宏伟的建国蓝图，一个千古名相。

三低是礼遇张松。益州别驾张松，本来是想卖主求荣，把西川献给曹操，但曹操自从破了马超之后，志得意满，骄人慢士，数日不见张松，见面就要问罪。后又向他耀武扬威，引起对方讥笑，又差点将其处死。而刘备礼遇张松，派赵云、关云长迎候于境外，自己亲迎于境内，宴饮三日，泪别长亭，甚至要为他牵马相送。张松深受感动，终于把本打算送给曹操的西川的地图献给了刘备。这再一低，西川百姓汇入了他的帝国。

最能看出刘备与曹操交际差别的，要算他俩对待张松的不同态度了：一高一低，一慢一敬，一狂一恭。结果，高慢狂者失去了统一中国的最后良机，低敬恭者得到了天府之国的川内平原。

在这个故事中，刘备胸怀大志，却平易近人礼贤下士，慢慢成就了自己的基业。与之相反，曹操心高气傲，目中无人，白白丢掉了富饶的天府之国，并且还因此耽误了统一中国的大计。单从这一点上看，刘备是真英雄，虽然他没有所谓的气势架子；而曹操则一副狂徒之态，傲气冲天，耀武扬威。他因此吃了大亏，其实一点都不冤。

一个人，无论你已取得成功还是还没有出师下山，其实都应该谨慎平稳，不惹周围人不快；尤其不能得意忘形狂态尽露。特别是年轻人，初出茅庐，往往年轻气盛，这方面尤其应当注意。因此心气决定着你的形态，形态影响着你的事业。

一位书法大师带着徒弟去参观书法展。他们站在一幅草书前，大师摇头晃脑地一个字一个字地往下读，突然卡壳了，因为那个字写得太草了，大师一时也认不出来，正左想右想之时，徒弟笑道："那不就是'头脑'的'头'嘛！"

大师一听就变了脸色。他怒斥道："轮得到你说话吗？"

这个徒弟显然是有才的，但也显然是不懂心高不可气傲这一道理。这次惹火了师父，以后能不能受到大师喜欢就很难说了。

一个博士生论文答辩之后指导教授对他很客气地说："说实在话，这方面你研究了这么多年，你才是真正的专家，我们不但是在考你，指导你，也是在向你请教。"

博士则再三鞠躬说："是老师指导我方向，给我找机会。没有老师的教导，我又能怎么表现呢。"

本来，能赢得指导教授的肯定和赞美是一件多么值得骄傲的事啊，但博士生没有因此得意洋洋，而是谦逊地感谢导师，无疑这种得体的表现会赢得众教授的好感，于他只会有益而不会有害。

在古代，皇帝御驾亲征的时候，即使将军可以一举把敌人击溃，不必再劳动皇帝，但是只要听说御驾要亲征，就常常按兵不动。一定等着皇帝来，再打着皇帝的旗子，把敌人征服。

这按兵不动，可能姑息养奸，让敌人缓口气，而造成很大的损失，那么为什么不一鼓作气，把他打下来呢？

此外，御驾亲征，劳师动众，要浪费多少钱财？何不免掉皇帝的麻烦，这样不更好吗？如果你这么想，那就错了。你要想想，皇帝御驾亲征是为什么？他不是"亲征"，而是亲自来"拿功"啊！所以就算皇帝只是袖手旁观，由你打败敌人，你也得高喊："吾皇万岁万万岁！都是皇上的天威，震慑了顽敌。"所以说，懂得胜不骄、有功不傲的人是真正懂生活、会做事的人，他们会因此而成为强者，成为前途平坦、笑到最后的人。

8. 过刚的易衰，柔和的长存

过于坚强之个性的人，在社会上不易于长久生存，个性柔弱的人，就是能生存的人。用兵过强，反而不会胜利，木过强硬则容易折断。强大之个性，想要居人上，反过来就败在人下，柔弱自守之人，反过来就高居在上。

老子所参悟的"过刚的易衰，柔和的长存"似乎与所罗门的智慧之语"柔和的舌头能折断百骨"不谋而合。绳锯木断、水滴石穿也正是这个道理。生命的质量不在于它的硬度而在于它的韧性，鲁迅生前最推崇的就是坚韧的精神。"韧"字的含义是：百折不挠，勇往直前。人如果没有一股韧劲，干什么都不会成功。

有这样一个故事，商容是殷商时期一位很有学问的人。在他生命垂危的时候，老子来到他的床前问道："老师还有什么要教诲弟子的吗？"商容张开嘴让老子看，然后说："你看到我的舌头还在吗？"

老子大惑不解地说："当然还在。"商容又问："那么我的牙齿还在吗？"老子说："全都落光了。"商容目不转睛地注视着老子说："你明

学会低调：低调是为人处世的定海神针

白这是什么道理吗？"老子沉思了一会儿说："我想这是过刚的易衰，而柔和的长存吧？"商容点头笑了笑，对他这个杰出的学生说："天下的许多道理几乎全都在其中了。"

你知道拿破仑在滑铁卢一役中是被谁打败的吗？答案是英国的威灵顿将军。这位打败英雄的英雄并不只是幸运而已，他也曾尝过吃败仗的滋味，并且多次被拿破仑的军队打得落花流水。

最落魄的一次，威灵顿将军几乎全军覆没，只好落荒而逃，迫不得已，只好在一个破旧的柴房里藏身。

在饥寒交迫中，他想起自己的军队已经被拿破仑打得七零八落，伤亡惨重。这样还有什么面目去见江东父老呢？万念俱灰之下，他只想一死了之。

正当他心灰意冷的时候，忽然看见墙角有一只正在结网的蜘蛛。一阵风吹来，网立刻被吹破了，但是蜘蛛并没有就此停下来，它再接再厉，努力吐丝，立刻开始重新结网。

好不容易快要结成时，又一阵大风吹来，网又散开了。蜘蛛毫不气馁，转移阵地又开始编织它的网。

像是要和风比赛一样，蜘蛛始终没有放弃。风越大，它就织得越勤奋。等到它第七次把网织好以后，风终于完全停止了。

威灵顿将军看到了这一幕后，心中思潮汹涌，不禁有感而发：一只小小的蜘蛛都有勇气对抗大自然这个强大的劲敌，何况自己一个堂堂的将军，更应该奋战到底，怎能因为一时的失败就丧失了斗志呢？

于是，威灵顿将军坦然接受了失败的事实，并且重整旗鼓。苦心奋斗了八年之久，最后在滑铁卢之役一举打败拿破仑，一雪当年的耻辱。

威灵顿将军赢就赢在坚韧不拔的品格上。如果说，世界上有一种药能够救人于失败落魄的境地中，那么这剂药的名字就叫"坚韧"。

在一本书里曾有过这样一段文字：你是鸡蛋还是胡萝卜？假设鸡蛋

和胡萝卜是两个人，它们同时面临着被水煮这个困境，而它们的反应是不一样的。鸡蛋被水煮过之后蛋清与蛋黄凝固，比先前还要硬。而胡萝卜却没有了先前的脆而被软所代替。物犹如此，人何以堪？有的人在困难面前展现了他的坚韧，打败了困难，有的人则在困难面前畏惧、退缩。

富兰克林说："有耐心的人，无往而不利。"耐心就是一种坚韧，需要特别的勇气，需要不屈不挠、坚持到底的精神。这里所谓的耐心是动态而非静态的，主动而不是被动的，是一种主导命运的积极力量。这种力量就是坚韧，以一种几乎是不可思议的执著，投入到既定的目标中，才具有人生的价值。

人的一生如果过于顺利，就如温室里的花朵一样，虽然也能绽放艳丽，但却缺乏一种源于大自然、经历风吹雨打后展现出的生命力。世间万物只有经过大自然狂风暴雨的洗礼和锤炼后，才能诞生出旺盛的生命力。人生也是如此，当一个人处身于逆境之中，若能坚强地忍受一切的不如意，甚至于磨难而后仍屹立不倒，他便是强者！

生活就像是一场现场直播的演出，你没有任何选择的余地，你会无数次地被命运之手推拒在主场之外，因此你的激情没有了，曾经的笑脸也没有了……在生活的惯性思维中，你开始变得沉默和妥协。慢慢地，你的棱角被磨平了，最后淹没于人海。只有保持一种特别的坚韧，才能让我们的生活更美好，更有意义。

记得米兰·昆德拉曾说过："生活，是持续不断地沉重努力，为的是不在自己眼中失落自己。"作为人，只有坚韧地承受着各种失意和寂寞，才能不迷失自己，才能笑到最后，也才能笑得最好！

9. 虚怀若谷，谦虚做人

真正懂得搏击的武士，凭借的是智慧而不是武力；真正懂得打仗的将领，凭借的是冷静沉着而不是冲动暴躁；常常战胜敌人者，往往不需打仗就胜了；很会运用别人优点的人，对待别人都很谦恭，并且尊重对方。

谦恭有度，讲的是君子的情操和待人接物的态度。君子待人要谦虚，对待长辈更要恭谦有礼，但也不可谦虚过度，过谦则使人感觉到虚伪狡诈。只有虚怀若谷的态度，才能给人尊敬的印象，敬人者人恒敬之，人们也会对谦虚者抱以尊敬。谦虚是高尚者的情操、修养深厚的表现，是圣人君子的操守。

一个人如果太骄傲太自满，物极必反，盛极而衰，最终灾祸临头悔之晚矣。反之，如果太谦虚太礼让，矫揉造作，虚伪狡诈，也会给人留下华而不实的印象，这就是过犹不及的道理。因此谦让要有度，要恰恰当当的。

有一位满腹经纶的学者，为了了解人生的奥妙，不远千里去拜访一位作家。作家在桌上准备了两只斟满茶水的杯子，然后坐下，开始讲解人生的意义。

这位学者听着听着，觉得其中某些话似曾相识，好像也不是什么高深的理论。于是认为这位作家不过是浪得虚名，骗骗一般凡夫俗子而已。

学者越想越觉得心浮气躁，坐立不安，不但在作家的讲道中不停地插话，甚至轻蔑地说："哦，这个我早就知道了。"

作家并没有出言指责学者的不逊，他只是停了下来，拿起茶壶再次替这位学者斟茶，尽管茶杯里的茶还剩下八分满，作家却没有把杯子里的茶倒出，只是不断在茶杯中注入温热的茶水，直到茶水不停地从杯中溢出，流得满地都是。

这位学者见状，连忙提醒作家说："别倒了，根本装不下了。"

作家听了放下茶壶，不愠不火地说："是啊！如果你不先把原来的茶杯倒干净，又怎么能品尝我现在倒给你的茶呢？"

古往今来，凡是能够建立功业成就功勋的全都是谦虚圆融的人士，那些执拗固执、骄傲自满的人往往与成功无缘。

文王谦虚，渭河之滨访太公，最终成就了周朝八百年的基业；刘备谦虚，三顾茅庐请卧龙，最终三分天下。

谦虚的人懂得怎样尊敬别人，包容别人，比如山谷。山谷因为胸怀空阔而容纳万物，万物生长其间，不受排斥，不受拘禁，自由生长，得到了长久的来自于山谷的给养和尊重，同时山谷间的万物也装饰和点缀了山谷，使山谷变得郁郁葱葱，生机勃发。所谓谦虚礼让，敬人敬己就是这个道理。

做人大忌，就是得意忘形。综观历史，凡得意忘形者，必没有好下场。

三国中曹操败走华容道，虽然是败军之将，却对诸葛亮的军事才能百般嘲笑，结果全都落入孔明套中，这时才羞惭万分，要不是关羽为报答恩情放他一马，恐怕曹操要死于赤壁的硝烟中。

还有，汉武帝刚刚即位的时候，舅父田蚡掌握大权，不把朝臣放在眼中，忘乎所以，最后连武帝也难以容忍，以致落了一个疯癫的下场。

有的时候，人们冲破了艰难险阻，经历了千辛万苦，终于把黑暗踩在脚下，迎来了光明的曙光，但却因为得意忘形，又重新跌入黑暗的深渊。得意忘形，会使人丧失最起码的谦虚，更会使人头脑发热，做事情往往没有逻辑，只凭一时的感觉。

学会低调：低调是为人处世的定海神针

得意忘形是摧毁心智的一把利器。纵使是那些曾经叱咤风云的人物，要是得意忘形了，也会遭遇不好的下场。古话说得好："得意者终必失意。"人生在世，无论什么时候都要内敛，学会谦虚。只有谦虚的胸怀，才能拥有海纳百川的吞吐之势。得意忘形就像海上扬起的风波，即使风波滔天，但在风平浪静之后，大海也要复归沉静。故而，人不能得意，更不能忘乎所以，得意忘形。

10. 标准降得越低，身份抬得越高

人往高处走，水往低处流，人生总是向上的，这是人们的认识，也是人生的理念，更是众生的普遍心理。

然而事实上，就是这个"人往高处走"的理念，毁了许多人，坑了许多人。客观地讲，人生一世，是不可能总往高处走的，沉浮起落，坎坷挫折，下坡路的时候是很多的，我们不能不走。

有钱人变为没钱人，局长降为处长，老板变成小工，昨天的名人沦为今天的无名鼠辈……诸事不如前的现象每个人都经历过。每当这时，往日的标准都会被大打折扣。由此看来，人生不可能总是守在一个高标准上。高标准本身就是一种完美主义的化身，其中包含着对周围事物的苛求和对自己的苛求，结果是自己累垮了，周围人也受不了。

更何况，人生总有不顺的时候，诸如单位不景气，事业陷入困境，家庭遭受变故……跟随而来的便是内在和外界的标准一同降低。如果这时谁还保持一种高标准的心理期待，还是一味地人往高处走，就会遭遇打击，饱尝痛苦，陷入烦恼的境地。于是，这时降低标准，便成为唯一而正确的人生选择。尤其在当今这个充满竞争的社会，"高标准"往往是靠不住的，极易被动摇。学会降低标准，反而是人们解决人生难题的

一把钥匙。

我们所说的降低标准，并不是要你退缩，更不是要你消极，而是一种心理调理和应对。"人生是不确定的"，外在的事物总在不断地变化，好与坏，顺与不顺，定会接踵而来。不管是在心理上，还是在客观上，过高的标准都会使人时时处处面临着一种高度的威胁。有时候，甚至使人变得灰心丧气，破罐子破摔。

一味地高标准，不但会伤害自己，同时也会伤害别人。现实社会中，许多人之所以不适应新的环境，之所以会痛苦烦恼，就是因为守着一个高标准不放。他们认为自己只能上升，不能下降。因此，高标准在很多时候反而成了极端片面的害人理念。

某公司被兼并了，几百名员工一同下岗，他们一蹶不振，而老李却挽起袖子，到一家小餐馆，做了一名跑堂儿；某企业倒闭了，人们丧气到了极点，老张却在第二天下楼修起了鞋子；老黄是某事业单位的领导，单位解散后，不但官职没了，吃饭也成了问题，他什么也没说，到一家公司做了一个看大门的。

降低标准，不仅要降低生活的标准，还要降低位置，放下架子，不顾面子，甚至还要放弃内心的追求与以往美好的向往。

在人生的许多大逆转中，许多人之所以败下阵来，甚至从此被打败，都是因为不肯降低标准。而那些就此降低标准，放下身份的人，很快又会快乐起来。

由此可见，降低标准，是人生的一种快乐良方，只是这种快乐良方，并不是每个人都能接受。但综观我们的一生，不管你是主动的，还是被动的，降低标准却是随时存在着的。降低自己的身份，降低自己的名誉，降低自己的头衔……正像佛家所说的"放下"二字。我们是否能够放下，同样需要英雄般的气概。

肯不肯降低标准，有时反而成了一个人能否生活下去的必要条件。

学会低调：低调是为人处世的定海神针

说严重点，很多人都是病在、倒在、败在、死在了这个环节上。

许多伟人，许多大人物，其实都不是一味守着高标准不放的人，并能在降低标准中完善自己，从头再来。为了能够活得好一些，并时时快乐着，降低标准，有时会是我们最明智的选择。

中国式的教育存在着很大的缺陷，它把人教育成了"天天向上"的奴隶，反而让天下很多勇者和才子无所适从。就生活而言，那些懂得降低标准，肯降低标准的人，有时反而成了生活中的真英雄！不但能渡过难关，还能自得其乐。

第五章
糊涂是一种做人的高境界

1. 要深刻理解"难得糊涂"的精妙

清代文学家、书画家郑板桥，刻有一图章，上面刻的是四个篆字，"难得糊涂"。所谓"难得糊涂"实际上是最清楚不过了。正因为他看得太明白、太清楚、太透彻，却又对其中缘由无法解释，倘若解释了，更生烦恼，于是便装起糊涂，或说寻求逃遁之术。

历史上，真正达到板桥先生"难得糊涂"的意境的还是大有人在。如苏东坡，他本是一个博学正直的乐天派，可偏偏不为当权派所容，一辈子被一贬再贬。东坡居士有首名诗："人皆养子望聪明，我被聪明误一生。惟愿孩儿愚且鲁，无灾无难到公卿"。但他是因为现实的太多不如意，这恐怕也只是无奈的难得糊涂！

现实人生确实有许多事不能太认真，太较劲。特别是涉及人际关系，错综复杂，盘根错节。太认真，其结果不是扯着胳臂，就是动了筋骨，以至越搞越复杂，越搅越乱乎。不如顺其自然，装一次糊涂，不丧失原则和人格；或为了公众为了长远，哪怕暂时忍一忍，受点委屈，也值得。心中有数（树），就不是荒山。

评职、晋级时，某候选人向你面授机宜，讨你个"民意"，你明知道他不够格儿，可又不好当面扫他的兴，这时候你该怎么办？你可以不哼不哈，或嘻嘻哈哈，等到最后确定时再较真，不失原则，人格。当事

学会低调：低调是为人处世的定海神针

人间到了，坦诚指出他不够格儿的地方；不问，顺其便。所以说"难得糊涂"是既可免去不必要的人事纠纷，又能保持人格纯净的妙方。

"难得糊涂"并不是真的糊涂，而是将事情看得清清楚楚，明明白白，只是出于某种原因，不便于直截了当，这种情况下就要采取一定的糊涂战术。确实，在生活或工作中，并不是什么时候都需要明明白白的，在某些特定的场合，出于某种特别的考虑，说得含含糊糊一点儿效果反而更好。

清朝的嘉庆皇帝，登位后对前代留下的一些遗留问题进行处理，还准备破格提拔几位曾为父王作过贡献却被奸臣排挤、打击的官员。但这破格提拔的事在清朝历代尚无先例，群臣反应不一。嘉庆拿不定主意，便问老臣纪昀。纪昀沉吟良久，说："陛下，老臣承蒙先帝器重，做官已数十年了。从政，从未有人敢以重金贿赂我；为了撰文著述，也不收厚礼，什么原因呢？这只是因为我不谋私、不贪财。但是有一样例外，若是亲友有丧，要求老臣为之点主或作墓志铭，他们所馈赠的礼金，不论多少厚薄，老臣是从不拒绝的。"

嘉庆听完纪昀一席话感到莫名其妙，进而想一想，才点头称许，于是定下破格提拔这批官员的决心。

其中是何原因呢？原来纪昀用模糊之法，提出自己赞成皇上应该放下包袱，大胆去做的建议。纪昀的这番话听起来言不及义，但细究起来里面大有文章。既然为官清廉，何以对亲友之丧事点主、作铭所得概不拒绝呢？是"为祖宗推恩无所顾忌之故也"。嘉庆皇帝破格提拔曾为先帝作过突出贡献的官员，本来也是为祖宗推恩，弘扬先帝的德化，那还有什么顾忌的呢？这不正和纪昀为别人点主、作铭不推却馈赠，好让死者的后人为死者尽孝的道理一样吗？嘉庆皇帝聪慧，哪能悟不出纪昀的话中话呢？

纪昀为何如此含含糊糊呢？出于两种考虑：其一，虽然建议破格提拔这些官员，但没明说，此意见倘若被采纳，是成是败，名义上自己都没有介入，皇帝也好，其他人也好，抓不着把柄；其二，嘉庆皇帝秉性聪明，而且有好自作主张的特性。不说吧，自己的意见皇上不清楚，而且皇上会不高兴；倘若说白了，恐有教导皇帝、不自量力的忌讳，结果起副作用。不如用此模糊之法，让皇帝自己"悟"出道理来，既说出了自己的意见，又迎合了皇帝好自作主张的秉性。纪昀此举，真是一次一举两得的"糊涂"。

"难得糊涂"作为"牢骚气"，原本就是缘由"不公平"而发的。世道不公，人事不公，待遇不公。要想铲除种种不公，又不可能，或是自己无能，那就只好举起这面"糊涂主义"的旗帜，为自己遮盖起心中的不平。假如能像济公那样任人说他疯，笑他癫，而他本人则毫不介意，照样酒肉穿肠过，"哪有不平哪有我"，专捡达官显贵"开涮"，专替穷人、弱者寻公道，那种我行我素、自得其乐的心态。这种癫狂，半醒半醉，亦醉亦醒，也不失为一种"糊涂"。这种糊涂真正是"参"透、"悟"透了。所以当你直面现实，要学笑容可掬的大肚弥勒佛，"笑天下可笑之人，容天下难容之事"，那就会进入一种超然的境界。

2. 太看重自己，就看不清自己

在日常生活中，我们经常看到的是一些非常看重自己的人。他们总以为自己很了不起，高高在上，盛气凌人；总以为自己博学多才，满腹经纶，一肚子学问，一心只想干大事，创大业；总以为自己是个能工巧匠，别人什么都不行，只有自己最行；总以为自己出身高贵，苦活累活是别人的事情，自己怎能吃苦挨累？于是，稍不如意，便牢骚满腹，怨

天尤人。说穿了，这是太看重自己导致的心理失衡。

关于自高自大的危害，佛家在《法句经·多闻品》中作了这样的总结："自己懂了一点东西，就自高自大骄傲于人，这就好像盲人手执灯烛，照亮了别人自己却看不到光明。"因此，善于看轻自己，其实是一种高明的人生策略，它需要豁达的胸怀和冷静的思考。

善于看轻自己的人，懂得自己只是芸芸众生中的一份子，不会自高自大、自命不凡；善于看轻自己的人，懂得只有努力奋斗，开拓进取，才能一步一个脚印地攀登人生的高峰；善于看轻自己的人，为人谦虚、厚道，容易取得别人的信任和敬重。

一个人如何修养自己的品德，是非常重要的。由于人们的修养不同，所以人们的品性也有着很大的区别，比如说有的人自以为是；有的人自高自大；有的人傲慢无礼；有的人偏听偏信等等，这些未必对自己有什么好处。不仅如此，反而会给自己招致麻烦和灾难，因此说修身养性对我们来说是至关重要的。

那么我们该如何修身养性呢？虽然有的人不以为然，认为这是多此一举；虽然有的人也懂得修身养性的道理，但是他们却不知道该如何修养自己的品德。如果人们深刻理解了"毋偏信自任，毋自满嫉人"这句话的深刻含义，那么就有了明确的思想和正确的理念，这不仅给了我们深刻的启示作用，而且可以作为为人处世的座右铭，在我们的人生中有着深切的指导意义。如果我们时刻牢记这句话，并且以这句名言警句作为行为的准则，那么，我们为人处世就有了依据，并且也是我们明哲保身的一种生活方式。

如果人们违背了做人的原则，无论是做人还是做事情，都是"偏信自任，自满嫉人"，而不去考虑这样做是否合适，是否恰当，反而自以为这是最正当的，不仅自以为是，甚至得意忘形，可是却忽略了自己的做法已经违背了做人做事的原则，不仅伤害了别人，而且伤害了自己，结果给自己造成了悲剧。

《伊索寓言》故事里，讲了一个这样的小故事，就是证明了这个道理，这个故事，不仅值得我们深思，而且还具备深刻的启示作用，相信我们会从中受到很大的启发，也会吸取这样沉痛的教训，下面就是这个故事的内容：

一只猫头鹰每到晚上才出来吃东西，白天就睡觉。有一天，正当他睡得很香时，被一只蚱蜢的声音吵醒了，他没法入睡，便急切地请求蚱蜢停止叫声。蚱蜢却根本不理他，仍然叫个不停。猫头鹰越不断地请求，蚱蜢反而越叫得响。猫头鹰被弄得无可奈何，烦躁不安。突然他想到一个好计策，便对蚱蜢说："听到你动听的歌声，我已睡不着了。你的歌声如同阿波罗神的七弦琴一样动听。我将把青春女神赫柏刚送给我的仙酒拿出来，痛痛快快地畅饮一场。你若不反对，就请上来一起喝吧。"蚱蜢这时正很渴，又被这赞美词弄得高兴得忘乎所以，什么也没想就急忙地飞了上去。结果，猫头鹰从洞中冲出来，把蚱蜢弄死了。

这故事是说有些人有一点点本事就飘飘然起来，得意忘形，自以为是，忘乎所以，甚至忘记了自己的地位和处境，处处和人家作对，结果，不仅给自己招致了麻烦，而且自找苦吃，最终自食其果，给自己酿造了可悲的下场。

做人不要为自己愚昧的思想所束缚，要时刻保持清醒的头脑，我们不仅要克服盲目自信的缺点，而且要对自己的行为有约束力，而不是被别人的甜言蜜语，或者是一面之词所迷惑，就对人家偏听偏信，以为这是人家给自己的恩惠，就为人家所左右，结果只不过是受到了别人的利用，被别人蒙蔽和欺骗，甚至成了人家的替罪羊。当自己清醒的时候，也就没有后悔的余地了。

有的人比别人的地位高一些，或者是比别人有权利和势力，就对人家趾高气扬，傲慢无礼，完全不把别人放在眼里，自以为是什么圣人，

学会低调：低调是为人处世的定海神针

就到处横行霸道、不可一世，可是他们却没有想到，这样对待别人，别人也可以同样有人会对他们，结果使自己身败名裂。

3. 记住该记住的，忘记该忘记的

每个人都有一个不变的话题，那就是自己在小的时候所受的苦楚，在读书时的穷困，因家境不好而受到的冷遇，还有婚姻的挫折，以及亲戚、朋友如何对不起自己……为此一直耿耿于怀，因而抑郁寡欢。其实，这都是数十年前的陈年旧账了，我们却为此所困，始终不开心，常年处于负面、阴暗的心态中，严重损害了身心健康，这样活着的确是一种痛苦！

岂不知，有的事情须刻骨铭心，永世不忘；有的事情则要尽快淡忘，所谓事来则应，事去则净。哪些事该被淡忘呢？应淡忘人生中的挫折与不幸；应淡忘名利的得失；应淡忘岁月的伤痕；应淡忘别人对自己的伤害；应淡忘陈腐、过时的观念；应淡忘流言蜚语；应淡忘冷遇和种种烦恼。这样我们才能摆脱往事的阴影，保持随缘常乐的心态。否则，如果纠缠于昔日的痛苦中，时间长了，定会损坏身心健康，导致疾病。

加州大学一篇保健资料提出：半数以上的早老性痴呆和百分之八十左右的恶性肿瘤都与生活中的负性事件及不良信息有关。因此，我们有必要学会淡忘那些负性事件及不良信息，学会保护自己的心理健康。

谁不愿拥有一个不为烦恼所动的快乐人生呢？人生短暂，何必对过去的痛苦耿耿于怀呢？何必要自己伤害自己呢？对我们最有害的是怀恨、不满和烦恼，如果把怀恨、不满和烦恼融化，有时甚至可以使疾病痊愈。所以我们一定要对过去网开一面，宽恕所有的人；而宽恕别人，就是爱护自己，是真正、彻底地爱护自己。要知道，最有力量的是宽恕，是慈悲；最有力量的是"当下"，不是过去，也不是将来。我们当下就可以改变自己，可以淡忘不快，可以消解烦恼，可以使我们的生活充满祥和与友爱。这一切其实就在当下的一转念之间：你不妨想想，这两句哪一句是你常说的？

"所有的人对我都不怀好意。"

"所有的人对我都有很大帮助。"

那么，什么事情须刻骨铭心，永世不忘呢？是别人对自己的恩德！所谓：人对我有恩不可忘，我对人有恩不可不忘。"虽行布施，而不希求施所得果，……虽有所作而无执著。"为何要牢记别人对自己的恩德？因为要随缘报恩。猫、狗之类尚且知道报恩，何况人类？不知报恩如何做人？故佛家提倡上报四重恩：祖国恩；父母恩；师长恩；众生恩。

那么，为何又要淡忘自己对别人的恩德呢？因为念念不忘所施之恩，就意味着时刻期待别人的回报，其心态近似于放高利贷者。一旦对方不报答，或报答得不够，势必恨从心起，大骂其"白眼儿狼"、没良心。于是，烦恼丛生，反目成仇，善缘竟成恶缘。这真得划不来！所以，应虽行布施而不求回报，作而不执。这就是智慧。有了这种智慧，就能渡过烦恼的激流，到达无忧、安乐的彼岸。

淡忘不快，作而不执，这是智慧、洒脱，也是审美：

瘦竹长松滴翠香，流风疏月度炎凉，

不知谁住原西寺，每日钟声送夕阳。

对错怪或伤害过自己的人，我们的心灵不要被仇恨、烦恼所蒙蔽、怒火中烧、烦恼怨恨，否则对自己比对他人所造成的伤害，将有过之而无不及。因此，即使在不如意的环境中，也要努力营造一个充满欢乐与友爱的生活。那么，回想我们所恨的人的一些优点，念及他曾做过的一些好事，而对他拙劣的一面视而不见，如此怒气可能就会缓和下来，烦恼会烟消云散，心中就会充满慈悲。

中篇

学会低调：低调是为人处世的定海神针

4. 不要为已经发生过的事情困扰

孔子说："已经做过的事不要再评说了，已经完成的事不要再议论了，已经过去的事就不要再追究了。"他是要告诉我们：做事情不要被已经发生的相关的事情所困扰，只要是正确的，就要义无反顾地走下去，没有必要因为做错了什么事情而悔恨，眼光要向前看。

每个人都有怀旧的心理，即使嘴里高喊着向前看，眼睛还是会不由自主地瞄向已经过去的日子。绝大多数人对新事物的接受会表现出一种羞羞答答的心态，直到新事物不再新鲜，再用一种怀旧的或恍然大悟的口吻来评说。客观地分析，向后看既是对过去的留恋，也是对现实的迷惘和不满。

但当今世界的发展日新月异，因此，向前看就显得比怀旧更为重要。特别是对新事物，更应该用发展和超前的眼光来认识对待。辩证唯物主义认为，世界是由在一定的时空中有规律地运动着的物质组成的，就是说分析事情或现象要以特定的时空作为条件。因此，我们特别强调要向前看，否则，难免落伍而被新新人类蔑视为"土老二"或"阿乡"。

而在现实生活中，有的人对于曾经失去的机会耿耿于怀。每当失意的时候，都会感叹，如果当初我那样选择，那么现在我将是怎样怎样了。但关键是你没有那样选择，你已经失掉了那个机会，如果你再自怨自艾下去，你将失掉下一个机会。所以，过去的事情完全没有必要放在心上，你当初那样做，一定有你那样做的理由，谁也无法预测未来，不能用你的今天去对比你的昨天，然后使自己生活在痛苦中。这两者之间根本就没有可比性，对于现实来说，预测永远都要甘拜下风，你当然不必为曾经的选择失误而伤心沮丧。

东汉大臣孟敏，年轻的时候曾卖过甑。有一天，他的担子掉在地上，甑被摔碎了，他头也不回地径自离去。有人问他："甑摔坏了多可惜啊，你为什么都不回头看一看呢？"孟敏十分坦然地回答："甑既然已经破了，再疼惜它也没有什么好处了。"是的，甑再珍贵，再值钱，再与自己的生计息息相关，可它摔破了，已是无法改变的事实，你为之感到可惜，心疼不已，顾之再三，又有什么益处呢？

这就是明代大学问家曹臣的《说典》中的一则小故事《甑已摔破，顾之何益》。这个故事告诉我们：不要为无法改变的事痛惜、后悔、哀叹、忧伤。

国外也有一则可和《甑已摔破，顾之何益》相媲美、堪称姊妹篇的小故事《打翻的牛奶》。

在纽约市一所中学任教的保罗博士曾给他的学生上过一堂难忘的课。这一个班多数学生为过去的成绩感到不安。他们总是在交完考卷后充满了忧虑，担心自己不能及格，以致影响了下阶段的学习。

一天，保罗在实验室里讲课，他先把一瓶牛奶放在桌上，沉默不语。学生们不明白这瓶牛奶和所学的课程有什么关系，只是静静地坐着，望着老师。保罗忽然站了起来，一巴掌将那瓶牛奶打翻在水槽中，然后他在黑板上写下了一行字："不要为打翻的牛奶哭泣。"接着，他叫学生们围绕到水槽前仔细看一看，说："我希望你们永远记住这个道理，牛奶已经淌光了，不论你怎么样后悔和抱怨，都没有办法取回一滴。你们要是事先想一想，加以预防，那瓶牛奶还可以保住，可是现在晚了，我们现在所能做到的，就是把它忘记，只注意下一件事。"

是啊！无论你怎样痛惜，牛奶都无法归原于杯中，所以，"哭泣"又是何苦呢！这番道理让我们想到了这样一个故事：

一位老人在高速行驶的火车上不小心把刚买的新鞋从窗口上掉出去

学会低调：低调是为人处世的定海神针

了一只，周围的人倍感惋惜。不料那老人立即把第二只鞋也从窗口扔了下去，这举动更让人大吃一惊。老人解释说："这一只鞋无论多么昂贵，对我而言都没有用了。如果有谁能捡到一双鞋子，说不定他还能穿呢！"

这位老人把失去变得可爱，我们何尝又不能呢？与其老盯着被打翻的牛奶，不如赶紧把家里的猫抱来，就当是给猫准备的晚餐了。

我们都经历过某种重要或心爱的东西失去的事情，其大都在我们的心理上投下阴影。究其原因，那就是我们并没有调整心态去面对失去，没有从心理上承认失去，总是沉湎于已经不存在的东西，却没想到去创造新的东西。与其抱残守缺，不如就地放弃。普希金的诗中说："一切都是暂时，一切都会消逝，让失去变得可爱。"失去不一定是损失，也可能是获得。

有些人终日为过去的错误而悔恨，为过去的决策失误而惋惜。沉溺在过去的错误之中，是事业成功的一大障碍。它会磨钝进取的锐角，掩盖智慧的锋芒，甚至愚蠢地得出这样的结论："我过去失败了，下次恐怕不行了。"因此，畏首畏尾，顾虑重重，很难取得事业的成功。

甄被打破，不可能恢复原状；牛奶被打翻，不可能重新装回杯中。任你哀叹，任你后悔，任你捶胸顿足呼天喊地，任你悔断肠子，心疼、肝疼、胃疼，任你三天不吃饭、五天不睡觉，也肯定不会改变这个已经板上钉钉的事实。聪明的做法，就是按照扔鞋子的老人的做法去做，这才是人生的大智慧。

辛弃疾在一首词中写道："叹人生，不如意事，十之八九。"是的，在生活中，不可能事事顺心，万事如意。下岗，被精简，被老板炒了鱿鱼，不如意；落选，被降职，被顶头上司冷落，不如意；评副高职称少了一票，送学术刊物的论文泥牛入海，不如意；经商亏本，工厂赔钱，路上被窃，也不如意……林林总总，不一而足。一旦遇到这样的事该怎么办，想想《甄已摔破，顾之何益》，想想"不要为打翻的牛奶哭泣"，想想那个扔鞋子的老人，想想人家的生存智慧，对自己肯定会大有裨益的。

在当代社会，更应具有这样的生存智慧，因为在社会激烈的竞争中，我们手中的"甄"随时可被他人打破，杯中的牛奶也可能被打翻。遇到这样不如意的事，不哭天抹泪，不怨天尤人，不消沉颓唐，不心灰意懒；要记取教训，挺直腰杆，义无反顾，径直向前。生活中，这样的人，才能出人头地，才能成为强者，才能事业有成，才能品尝到成功的喜悦，才会有鲜花美酒的陪伴。

既然事情已经过去，就不要再耿耿于怀。调整好心态，勇敢地面对现在和未来。要知道，悔恨过去，只会损害眼前的生活。不要让"打翻的牛奶"潮湿了我们的心情，我们还有很多事要做，我们没有理由因为这件事而拒绝这一天的生活，相反我们应该将这天的生活过得平静而恳挚，这样才会有丰盈的过去，也才能开创未来。

"不要为打翻的牛奶哭泣"，这句话包含了丰富深刻的哲理，过去的已经过去，历史就如"黄河之水天上来，奔流到海不复回"，不能重新开始，不能从头改写。为过去哀伤，为过去遗憾，除了劳心费神，分散精力，没有一点益处。

要想发挥自己的潜能，取得事业的成功，必须勇于忘却过去的不幸，重新开始新的生活。莎士比亚说："聪明人永远不会坐在那里为他们的损失而哀叹，却用情感去寻找办法来弥补他们的损失。"

5. 莫说他人短与长

这个世界上不喜欢听赞美之言的人恐怕不多，然而喜欢听非议的人却少之又少。事实上，我们有时总是太多言，总喜欢站在一个"圣人"

的角度去评判别人的是与非、错与对。殊不知，肯定别人"是"的时候，大家皆大欢喜；谈论别人"非"的时候，必会发生一些不愉快的事情。当然，我们这个"圣人"也不一定合格，在很多时候常常抱着一颗攀比的心去衡量别人与自己。这样一来，我们不但不会快乐，别人也会因我们而不快乐。

"静坐常思自己过，闲谈莫论他人非"才是真正的处世之道。

为什么要"闲谈莫论他人非"呢？道理很简单，每个人都有自己的生活环境，环境造就了每个人的处事原则与方法上存在着差异，这就好比穿鞋，倘若我们不穿上别人的鞋，怎么会知道别人的脚是舒服还是痛苦呢？

二战的洗礼，使得前苏联在建国初期相当贫穷，购买大部分的东西都必须排队。

有一个穷人，为了招待他的外国友人来访，正兴致勃勃地卖力打扫自己的房子。正当他卖力清扫的时候，突然间竟然将唯一的一把扫把给弄断了。他愣了大约有一分钟，才回过神儿来，顿时跌坐在地上，号啕大哭起来。

他的几个外国朋友恰逢这个时候赶到了，见到他望着断掉的扫把痛哭不已，便纷纷上前来安慰。

经济强盛的美国人道："唉，一柄扫把又值不了多少钱，再去买一把不就行了！又何必哭得如此伤心呢？"

知法守法的英国人道："我建议你到法院去，控告制造这柄劣质扫把的厂商，请求赔偿！"

浪漫成性的法国人道："你能够将这柄扫把给弄断，像你这么强的臂力，我连羡慕都还来不及呢？你又有什么好哭的啊？"

务实的德国人道："不用担心，大家一起来研究看看，一定有什么方法能将扫把粘合得像新的一样的，我们一定可以找到方法的！"

最后，可怜的人哭着道："你们所说的这些，都不是我要哭的原因，真正的重点是，我明天非得要去排队，才可以买到一柄新的扫把，不能搭你们的便车一起出去玩了。"

每个人都有着自己既定的立场，也因此而习惯于执著在本身的领域当中，忘却了别人也和自己一样，有着他自己特殊的一面，永远不要用自己的思维去审视别人，更不要用我们的想法去评价别人。

倘若我们正遭受着别人的非议，千万不要以骂止骂，而应该多向释迦学习，只有像他那样处世，才能让人心服口服、无言以对。

释迦在世时，一人因嫉妒释迦受世人景仰，心怀不平而当面对释迦出言不逊。但是，不管他的态度如何恶劣，言语如何不可理喻，释迦却始终保持沉默，冷静以对。

在他稍平息之后，释迦才开口说："朋友，如果有人送礼给他人，对方并不接受的话，请问该礼物属谁？"

此人不意有此一问，不假思索就答道："当然属送礼的人了。"

释迦见他这样答，继续问道："好，现在你对我出言不逊，如果我不接受这些詈言之辞，请问它将属谁？"

此人一时语塞，默然不言，继之醒悟自己的过错，并为自己的无礼向释迦道歉，发誓绝不再诽谤他人。

他人对自己的非难或诽谤，其内容如行中肯之处，我们应该谦虚己心，倾耳去听，尽速改正自己的过错，否则，我们不如遵照《法句经》中所言："犹如坚固严，不为风所摇，毁谤与赞誉，智者不为动。"——以泰然自若的心胸去面对所行的非难。

诽谤或者搬弄是非的人往往出于一种嫉妒之心，这些人对自己的生活感到不满足和失落，只要别人比他们生活过得好点儿，他们就受不了。如果我们能够安心享受自己的生活，不和别人比较，生活中就会减少许多无谓的烦恼。有一则寓言故事就很好地诠释了这个道理：

有一天，一个国王独自到花园里散步，使他万分诧异的是，花园里所有的花草树木都枯萎了，园中一片荒凉。

后来国王了解到，橡树由于妒忌松树那高大挺拔的身段，因此轻生厌世死了；葡萄哀叹自己终日匍匐在架上，不能像桃树那样开出美丽的花朵，于是也死了；牵牛花因为它叹息自己没有紫丁香那样的芬芳也病倒了；其余的植物也都垂头丧气，没精打采，只有最弱小的心安草在茂盛地生长。

国王问道："心安草，别的植物全都枯萎了，为什么你这小草却安然无恙呢？"

心安草回答说："国王啊，我一点也不灰心、不嫉妒别人，因为我知道，如果国王您想要一棵橡树，或者一棵松树、一丛葡萄、一株桃树、一株牵牛花、一棵紫丁香等等，您就会叫园丁把它们种上，而我知道您希望于我的，就是要我安心做小小的心安草。"

如果我们仅仅想获得幸福，那很容易实现。但，我们希望比别人更幸福，就会感到很难实现，因为我们对于别人幸福的想象总是超过实际情形。生活中的许多烦恼都源于我们盲目地和别人攀比，而忘了享受自己拥有的幸福。

"静坐常思"，"思"的是什么？应该是由自己的不知足和攀比而产生的错误；"闲谈莫论"，不让"论"的是别人的生活与作风。踏踏实实地做我们自己，幸福、快乐自然会围绕在我们身边。

6. 得饶人处且饶人

孟子曾说："君子所以异于人者，……必自反也；我必不仁也，必无礼也，此物奚宜至哉？其自反而仁矣，自反而有礼矣，其横逆由是也，君子必自反也，我必不忠。自反而忠矣，其横逆由是也。君子曰："此亦妄人也已矣。如此，则与禽兽奚择哉？于禽兽又何难焉？"

君子之所以异于常人，……便是在于其能时时自我反省。即使受到他人不合理的对待，也必定先反省自己本身，自问，我是否做到"仁"的境界？是否欠缺"礼"？否则别人为何如此对待我呢？如自我反省的结果合乎仁也合乎礼了，而对方强横的态度却仍然不改，那么，君子又必须反问自己：我一定还有不够真诚的地方。再反省的结果是自己没有不够真诚的地方，而对方强横的态度依然故我，君子这时才感慨地说："他不过是个荒诞的人罢了。这种人和禽兽又有何差别呢？对于禽兽根本不需要斤斤计较。"

人是一种社会性的高等动物。人是社会的人，社会性是人的根本属性。人要在世间立身，就应该学会处世。吕坤认为，善处世"只于人情上做工夫"。

世间的人之常情是怎样的呢？吕坤认为："闻人之过则津津乐道，闻己之过则百般掩饰；见名利尽揽身上，见过失尽推他人；从薄处去推究他人情感，从恶边去揣度他人之心，这是天下人的通病。"那么，怎样才能消除这些病痛呢？吕坤认为，首先要律己。自身要做到心诚，"诚则无心"，要有识见，身处污泥不被其玷污，不要把"你我"二字看得过于透彻，要有毫不利己，专门利人的精神，更重要的一点是要善于体察自己的过失。相对地说，客观公正地对待他人的过失比较容易些，而坦诚公正地认识自己就非常困难了。这是由于私欲等主观因素和非主观因素所造成。所以必须做到每日"三省吾身"，这是非常必要的。因为认识自我是安身处世的重要前提。

其次，要善于宽厚待人。由于人的能力有大有小，天下的事情应听凭各自的方便，绝不能强求做到整齐划一、一刀切，只要能把事情办成就行。否则的话，即使人情备受痛苦，又是于事无补的。

人非圣贤，孰能无过？在正确对待他人的过失和错误上，吕坤提出了一系列的积极主张。如不以己所长而责备别人；责备人应留有余地，要谅人之愚，体人之情等等，一字概括，即为"恕"字。这里，吕坤指出劝善应以教育为主，既要指明对方的错误，使对方改过自新，又要考虑对方的承受能力。要分析对方的心理特点，千万不能以权压人，以理压人，以法压人，把对方逼上绝路。那只能使对方负隅顽抗，更加肆无忌惮。吕坤认为，人一旦到了无所顾忌的地步，就无所谓尊严、刑罚和事理了。因此，对于犯有过失的人，特别是偶一失足的青少年，要动之以情，晓之以理。心诚则灵，这样感化别人，能收到事半功倍的效果。吕坤真不愧是一位伟大的教育思想家。当然，现代社会是法制社会，应该以道德教化与法治并重，过分地强调一点，而忽视另一点的做法也是片面的。

　　事实上，按照一般常情，任何人都不会把过去的记忆像流水一般地抛掉。就某些方面来讲，人们有时会有执念很深的事件，甚至会终生不忘。当然，这仍然属于正常之举。谁都知道，怨恨会随时随地滋生。因此，为了避免招致别人的怨愤，或者少得罪人，一个人行事需小心在意。《老子》中据此提出了"以德报怨"的思想。孔子也曾提出类似的话来教育弟子："以直报怨，以德报德。"其含义均是叫人处事时心胸要豁达，以君子般的坦然姿态应付一切。

　　《庄子》中对如何不与别人发生冲突也作了阐述。有一次，有一个人去拜访老子。到了老子家中，看到室内凌乱不堪，心中感到吃惊。于是，他大声咒骂了一通扬长而去。翌日，又回来向老子致歉。老子淡然地说："你好像很在意智者的概念，其实对我来讲，这是毫无意义。所以，如果昨天你说我是马的话我也会承认的。因为别人既然这么认为，一定有他的根据，假如我顶撞回去，他一定会骂得更厉害。这就是我从来不去反驳别人的缘故。"

从这则故事中可以得到如下启示：在现实生活中，当双方发生矛盾或冲突时，对于别人的批评，除了虚心接受之外，还要养成毫不在意的功夫。人与人之间发生矛盾的时候太多了，因此，一定要心胸豁达，有涵养，不要为了不值得的小事去得罪别人。而且，生活中常有一些人喜欢论人短长，在背后说三道四。如果听到有人这样谈论自己，完全不必理睬这种人。只要自己能自由自在地按自己的方式去生活，又何必在意别人说些什么呢？

每个人都生活在人群中，有人的地方自然会有矛盾，有了分歧、不和怎么办？很多人就喜欢争吵，非论个是非曲直不可。其实这种做法很不明智，吵架又伤和气又伤感情，不值。不如大事化小。小事化了，俗话说家和万事兴，推而广之，人和也万事兴。俗话说：金无足赤，人无完人。人际交往中切不可太认死理，得饶人处且饶人，偶尔装装糊涂于己于人都有利。

7. 骄矜的人无知，自知的人智慧

骄矜，是指一个人骄傲专横，傲慢无礼，自尊自大，好自夸，自以为是。这样的人在现实生活中还是经常能看到的。具有骄矜之气的人，大多自以为能力很强，做事比别人强，看不起他人。由于骄傲，则往往听不进去别人的意见；由于自大，则做事专横，轻视有才能的人，看不到别人的长处。

《劝忍百箴》中对于骄矜这个问题这样说：金玉满堂，没有人能够把守住。富贵而骄奢，便会自食其果。国君对人傲慢会失去政权，大夫对人傲慢会失去领地。魏文侯接受了田方子的教诲，不敢以富贵自高自大。骄傲自夸，是出现恶果的先兆，而过于骄奢注定要灭亡。人们如果

学会低调：低调是为人处世的定海神针

不听先哲的话，后果将会怎样呢？贾思伯平易近人，礼贤下士，客人不理解其谦虚的原因。思伯回答了四个字：骄至便衰。这句话让人回味无穷。

确实是这样。现代人最大的问题，就是骄矜之气盛行。千罪百恶都产生于骄傲自大。骄横自大的人，不肯屈就于人，不能忍让于他人。做领导的过于骄横，则不可能很好地指挥下属；做下属的过于骄傲，则会不服从领导；做儿子的过于骄矜，眼里就没有父母，自然不会孝顺。

骄矜的对立面是谦恭、礼让。要拒绝骄矜之态，必须是不居功自傲，自我约束。常常考虑到自己的问题和错误，虚心地向他人请教学习。

固执自己见解的人，会不明白事理；自以为是的人，不会通达情理；自傲者，不会获得成功；自夸的人，他所得到的一切都不会保持长久。

太平军攻破江南大营后，清将向荣战死，太平军举酒相庆，歌颂太平军东王杨秀清的功绩。至此天王洪秀全更深居不出，军事指挥全权由杨秀清决断。告捷文报先到天王府，天王命令赏罚升降参战人员的事都由杨秀清做主，告谕太平军诸王。像韦昌辉、石达开等虽与杨秀清等同时起事，但地位低下如同偏将。

清军大营既已被攻破，南京再没有清军包围。杨秀清自认为他的功勋无人可比，阴谋自立为王，胁迫洪秀全拜访他，并命令他在下面高呼万岁。洪秀全无法忍受，因此召见韦昌辉秘密商量对策。韦昌辉自从江西兵败回来，杨秀清责备他没有功劳，不许入城；韦昌辉第二次请命，才答应。韦昌辉先去见洪秀全，洪秀全假装责备他，让他赶紧到东王府听命，但暗地里告诉他如何应付，韦昌辉心怀戒备去见东王。韦昌辉谒见杨秀清时，杨秀清告诉他别人对他呼万岁的事，韦昌辉佯作高兴，恭贺他，留在杨秀清处宴饮。酒过半巡，韦昌辉出其不意，拔出佩刀刺中杨秀清，当场穿胸而死。韦昌辉向众人号令："东王谋反，我暗从天王那里领命诛杀他。"他出示诏书给众人看，又剁碎杨秀清尸身让众人咽下，命令紧闭城门，搜索东王一派的人并予以灭除。

东王一派的人十分恐慌，每天与北王一派的人斗杀，结果是东王一派的人多数死亡或逃匿。洪秀全的妻子赖氏说："祛除邪恶不彻底，必留祸。"因而劝说洪秀全以韦昌辉杀人太酷为名，施以杖刑，并安慰东王派的人，召集他们来观看对韦昌辉用刑，可借机全歼他们。洪秀全采用了她的办法，而突然派武士围杀观众。经此一劫，东王派的人差不多全被除尽。

《尚书》中有"满招损，谦受益"的句子，也就是说不张狂、不自满，人才能有所收益。一个谦虚的人必然能够博采众长，用以充实自己，还会自觉地改过从善，提高自己的修养，并能得到别人的尊重。《老子》中说："知不知，尚矣；不知知，病也。圣人不病，以其病病。夫唯病病，是以不病。"讲的是知道自己有所不知，有不足之处，有欠缺的地方，这是明智的人。不知道却自以为知道，唯恐别人不知道自己知道，这才是真正的毛病之所在。圣人已经很完美了，没有缺陷了，却忧虑自己有过失，有毛病，谦虚自省，正是这样检查自身的过失、错误、毛病，才能真正地没有过失，所以虚其心，受天下之善。

世界上有些自以为是、沾沾自喜、自高自大的人，目光短浅，犹如井底之蛙，让真正有识之士看了发笑。《王阳明全集》卷八中这样写道："今人病痛，大抵只是傲。千罪百恶，皆从傲上来。傲则自高自是，不肯屈下人。故为子而傲必不能孝，为弟而傲必不能悌；为臣而傲必不能忠。"因此狷狂必忍，否则害人害己。如何忍傲忍狂？王阳明认为：狷狂、傲慢的反面是谦，谦逊是对症之药。人真正的谦虚不是表面的恭敬，外貌的卑逊，而是发自内心地认识到狷狂之害，发自内心的谦和。自我克制，明进退，常常能发现自己不如别人的地方，虚心接受别人的批评指正，虚以处己，礼以待人，不自是，不屈功，择善而从，自反自省，忍狂制傲，方可成大事。

8. 不知道而硬装作知道是一种病态

我国先哲孔子曾经说过："知之为知之，不知为不知，是知也。"他的话告诉我们这样一个哲理：在现实生活中，许多人不愿意说出"不知道"这三个字，认为那样做会让别人轻视自己，使自己很没面子，结果却适得其反。

古希腊著名哲学家苏格拉底也曾说过："就我来说，我所知道的一切，就是我什么也不知道。"苏格拉底以最通俗的语言表达了进一步开阔视野的强烈愿望。

如果一个人对自己不明白的问题加以隐瞒，不去向别人请教，在别人面前仍然不懂装懂，那他就是太无知、太虚伪了。人不懂并不可怕，可怕的是不懂装懂。在这个世界上没有一生下来就上通天文，下知地理，晓古通今的人，人们都是在不断地学习探索中充实自己的。只有虚心向别人学习，不耻下问，才能不断进步。否则我们若像南郭先生那样"滥竽充数"，那只能是被后人贻笑大方，最终被社会淘汰。其实，对自己不知道的事情，坦率地说不知道，反而更容易赢得别人的尊重。

心理学家邦雅曼·埃维特曾指出，平时动不动就说"我知道"的人，不善于同他人交往，也不受人喜欢，而敢于说"我不知道"的人，则显示的是一种富有想象力和创造性的精神。埃维特还说，如果我们承认对某个问题需要思索或老实地承认自己的无知，那么我们自己的生活方式就会大大的改善。这就是他竭力倡导的态度，人们可以从中受到教益。

凡是聪明的人，都有勇气承认"没有人知道一切事情"的这个事实。他们面对不了解的事情能够坦然地说自己不知道，随后就去寻找他们所欠缺的知识。承认自己不知道无损于他们的自尊，对于他们来说，"不知道"是一种动力，促使他们积极采取行动，进一步了解情况，求得更多的知识。

　　正因为人的心理通常是隐恶扬善的，所以人们会想尽办法来掩饰自己不知道的事情，宣扬自己所知道的事情。有时候，为了隐藏自己的弱点和无知，人们喜欢摆出一副不懂装懂的姿态，殊不知这样反倒给人一种浅薄的感觉。

　　有一次，一位外国人去旁听一位美国加州大学著名教授的演讲。课上他提出他做的老鼠实验的结果。此时，有一位学生突然举手发问，提出了他的看法，并问这位教授假如用另一种方法来做，实验结果将会怎样？所有的听众全都看着这位教授，等着看他如何回答这个他根本就不可能做过的实验。结果，这位教授却不慌不忙，直截了当地说："我没做过这个实验，我不知道。"

　　当教授说完"我不知道"时，台下响起了经久不息的掌声。

　　一般人都有不想让别人看出自己弱点的心理，因此很难开口说"不知道"。殊不知，有时对自己不知道的事情坦率地说不知道，反而可以增加人们对你的信任和亲近。因为直截了当地说不知道，会给人留下非常诚实的印象，并且敢于当众说不知道，其勇气足以让人佩服。这样，对你所说的其他观点，人们会认为一定是千真万确的，因此对你也就会更加信任。

　　几乎每个人的知识面都是有限的，学问上的精通是相对的，认知上的缺陷是绝对的。世上没有无所不知、无所不能的"全才"，尽管人们都在朝着这个方向努力。"知而好问然后能才"。聪明而不自以为是，并且善于向别人请教的，才能成才。敢于承认有些事情、道理"不知道"，正是求得"知道"的基础；"不知道"的强说"知道"，自作聪明，欺人自欺，最终只会贻笑大方。

有个美术评论家总是大吹大擂，凡事不懂装懂。

有一天，那个评论家受一位知名人士所邀请。这位名人家里来了许多美术界的权威，他们畅所欲言，谈笑风生。

一会儿，主人拿来一幅画像说："这是我刚买来的毕加索的画，请诸位评论一下。"

于是，那个不懂装懂的评论家马上站起来说："色彩华丽，线条鲜明，果然是毕加索的画。你刚拿来的时候，我就看出是毕加索的画了。"

主人听完，再仔细看了一下画说："真抱歉，刚才我介绍错了，这不是毕加索的画，而是米开朗琪罗的作品。"

"什么？米开朗琪罗的？"

顿时，在座的各位看着那个评论家捧腹大笑。评论家满脸通红，不好意思地低下了头。

不要不懂装懂，所以孔子才告诉子由"懂了就是懂了，没有懂就是没有懂，这才是真懂。"

求知最忌自欺欺人，不懂装懂。人们时常讽刺那种只会说"Yes！"的人，这是不懂装懂的典型形象。而实际上，生活中这样的人到处都是，充斥于各行各业。如果只是读书求知，这种人还不过是害己而已，没有什么大的危害。但如果让这种人从政治国，那可就不是害己的问题了，小则害己害人，大则亡党亡国。所以，我们绝不要低估了不懂装懂的危害。因为它完全可能由一种个人品质而发展成为一种社会公害，遗患无穷。

9. 藏好自己的舌头

关于说话，孔子曾这样说："可与言而不与之言，失人；不可与言而与言，失言。知者不失人，亦不失言。"

孔子提倡"少言"、"慎言"，的确有一定的道理，因为很多时候都存在"祸从口出"的情况，因此把握好说话的时机、场合是很重要的。孔子认为，应该与人交谈沟通的时候却没有这样做，就失去了结交朋友的机会，可能与一个真正有益于自己的朋友失之交臂。还有一个经常犯错误的地方是，说话不看对象，把话对不该说的人说。聪明的人知道能够看出哪种人才是真正的人才、真正的朋友、真正的英雄，所以，他能做到既不失去结交朋友的机会，也不会对道不同的人浪费言辞，说错话。

有人把语言形容成刀剑一样，因此愈显得慎言的重要。孔子是一个非常慎言的人，他待人诚恳恭谦，看起来好像不擅言辞，但在公开场合里，他说话又非常的能言善辩。所以，孔子一直在陈说一个道理："言忠信，行笃敬，虽蛮貊之邦，行矣！言不忠信，行不笃敬，虽州里行乎哉！"

人的脸孔上，有两个眼睛，两个耳朵，两个鼻孔，却只有一张嘴巴，这奇妙的组合，蕴涵着很深的意义，就是告诫人们要多听，多看，少说。

《伊索寓言》中有句名言："世界上最好的东西是舌头，最坏的东西还是舌头。"中国还有句谚语："背后骂我的人怕我；当面夸我的人看不起我。"因此，人要懂得"祸从口出"的道理，管住自己的舌头。

范雎在卫国见到秦王，尽管秦王求教再三，他都沉默不语；诸葛亮

学会低调：低调是为人处世的定海神针

在荆州，刘琦也是多次请教，诸葛亮同样再三不肯说。最后到了偏僻的一座阁楼上、去了楼梯，范雎和诸葛亮才分别对秦王和刘琦指示今后方向，所以历史上的"去梯言"，就表示慎言的意思。

东晋时代的王献之，一日偕同两个哥哥王徽之、王操之去拜访东晋当代名人谢安。徽之、操之二人放言高论，目空四海，只有献之三言二语，不肯多说。三人告辞以后，有人问谢安，王家三兄弟谁优谁劣？谢安淡淡说道：慎言最好！

还有一个外国的例子，也说明了做人要谨记慎言这个道理。

死囚名叫巴利哈，处决时年仅18岁。他是一个智商不高的不良少年，当年他误交损友卡拉克，与16岁的卡拉克一同去盗窃纽约南部的一个货仓。

当夜卡拉克怀揣手枪，与巴利哈一起犯案。哪知道在盗窃时遇到两个巡警，警察看见是两个黄毛小子，就上前想把他们拘捕。

这时卡拉克拔出手枪，指向警察。警察一步步向他们走近，一个警察想把卡拉克手上的枪拿下，叫卡拉克把手枪交给他。

卡拉克的手颤抖着，用枪指着警察，大喝："不要过来。"但警察还是一步步逼近，一面说："把枪交给我。"

巴利哈看见两人对峙，非常害怕，他怕死党真的开枪将警察打死，他想让卡拉克把枪交给警察后投降，情急之下，他向卡拉克叫出了当代美国司法史上最著名的五个英文字：Celak，let him have it!

巴利哈的意思是："卡拉克，把枪交给他吧！"可是，卡拉克却误解了他的意思，他不知道"it"这个代名词，指的是手枪，他以为巴利哈的意思是："把他一枪毙了吧！"他误会了话中的"it"，指的是子弹。

卡拉克一枪就把警察击毙。二人双双被捕，卡拉克对法官说，当时自己以为巴利哈叫他开枪，但巴利哈的律师申辩，说没有叫他向警察开枪。这句话的意思，是叫他向警察交枪。陪审团相信卡拉克的说法，认为巴利哈参与谋杀。事发时巴利哈刚过了 18 岁生日，被判死刑；卡拉克尚未成年，只判监禁。

巴利哈这句英语有歧义，可作双解，巴利哈的原意确实是叫同伴交枪，但当时青少年犯罪严重，舆论同情警察。巴利哈的家人为他奔走四十多年，争回清白，终于成功。

对一句话的误解，可以送掉一条命，做人要谨记慎言。

现代的人喜欢信口雌黄，好谈论是非，说三道四，大放厥词，谬发议论，有时候危言耸听、标新立异、故弄玄虚、轻口薄言、冷语冰人；说话如剑，到处制造口业，所以让人感到世间上，唯哑巴是最慎言的人，也是最不造作口业的人。

人生，有人喜欢饶舌，但也有人习惯于慎言。饶舌的人常常会吃亏；慎言的人，比较不容易受到伤害。

艾子发高烧，梦游阴曹地府，正见阎罗王升堂问事。有几个鬼抬上一个人，说："这人在阳世，干尽了缺德事。"

阎王命令道："用 100 亿万斤柴火烧煮。"马面鬼上来押解。

那人私下里探头问马面："你既然主管牢狱，为何穿着这么破烂的豹皮裤子呀？"

马面说："阴间没有豹皮，如果阳间有人焚化才能得到。"

那人立即说："我姑姑家专门打猎，这种皮子多着呢。如果你肯怜悯，减少些柴，我能够活着回去，定为你焚化 10 张豹皮。"

马面大喜，答应减去"亿万"两字，煮烧时也只是形式而已。

待那人将归时，马面叮嘱道："可千万不要忘了豹皮呀！"

那人回头对马面说："我有一诗要赠送给你：马面狱主要知闻，权在阎王不在君，减扣官柴犹自可，更求枉法豹子皮。"

马面大怒，把他又投入滚沸的水锅里，并加添更多的柴煮了起来。

艾子醒后，对他的徒弟们说："必须相信口是祸之门啊！"

学会低调：低调是为人处世的定海神针

由此我们知道，一个成熟的人知道什么话该说，什么话不该说；有些话，什么时候该说，什么时候不该说。你只要放眼周围，人缘好的人，嘴巴绝对不是喷壶。而人缘好的人也分两种，一是天生心计单纯，拙于言辞，一看就没有威胁力，就像《红楼梦》里的李纨；二是把真实的自己隐藏的滴水不漏，显得淡泊名利，与人无争，就像薛宝钗。

不过我们在工作中学学宝钗还是正确的，而生活中应该还原自我，有些个性，只要这些恣意妄为不妨碍他人就行，一生为别人而活，死时不冤吗？

但是，对于知心朋友，我们应该多聊聊，有用的、没用的，不必有过多的顾忌。很多时候，我们都宁可将悲伤和失意压在心底，也不肯在别人面前展示自己的伤疤。我们以为只要自己不说，就不会有人知道，不会有人看见，不会有人嘲笑我们。但是，一个人的承受能力终究是有限的，与其一个人将所有的无奈和血吞下，不如找个人聊聊，还一个健康快乐的自己。真正的朋友绝不会在你沮丧的时候讽刺你，在你需要帮助的时候远离你。其实，有时候我们和朋友聊天，并不是想从朋友那里得到什么，朋友的一句宽慰，一句鼓励，对于失意的人都有着无穷的力量。

我们活在这个世界上，很多时候都需要有人认可我们，有人关心我们，有人支持我们，有人愿意与我们同行，站在我们身边，让我们不再孤单。多和朋友聊聊天，让朋友知道你的生活近况，体恤你的真实想法，而朋友也会把他的喜怒哀乐告诉你，两个人在聊天的过程中会感受到彼此的心贴得很近，感情也会逐渐加深。朋友之间贵在坦诚相见，而一起聊天，就是坦诚相待的方式之一。敞开你的心扉，经常和朋友见见面、聊聊天，你定会受益匪浅。

嘴巴，可以是吐放剧毒的蝎子，令人生畏远避；也可以像柔软香洁的花苑，散发清和喜悦，为人间邀来翩翩的彩蝶。留一张口，说赞美的言辞赞美天地，赞美所有的人……赞美，像雨后的彩虹，黑夜的萤火，虽然是惊鸿一瞥，却是久久的激荡回味！《吉祥经》就说："言谈悦人心，是为最吉祥。"为我们的嘴巴洒几滴馨香的甘露吧，让我们的言行种几棵芬芳的树吧！让它行列井然，终日咏快乐，生活在美妙的欢乐园。

10. 对别人不要过于挑剔

人非圣贤，孰能无过？有道德修养的人不是不犯错误，而是有过能改，不再犯过。所以用人，用有过之人也是常事，应该看到他的过错只不过是偶然的，他的大方向还是好的。

《尚书·伊训》中有"与人不求备，检身若不及"的话，是说我们与人相处的时候，不求全责备；检查约束自己的时候，也许还不如别人。要求别人怎么去做的时候，应该首先问一下自己能否做到。推己及人，严于律己，宽以待人，才能团结人，共同做好工作。一味地苛求，就什么事情也办不好。

《孔子家语》记载，孔子说："古代圣明的君主在帽子上挂上垂旒，是为了挡住视线。塞住耳朵，是为了让听觉模糊。水如果太清了就不会有鱼，人如果太认真了就不会有朋友。"不是不听不看，而是不去听得那么"认真"，看得过分清楚，糊涂一点（尤其是对他人的短处）不是什么坏事。

东汉光武帝刘秀能最后登上皇帝宝座，和他的胸怀宽广、善于笼络人心有关。

刘秀从饶阳脱险后，联合了许多支部队一起攻打王郎。公元 24 年 5 月，各路军马在刘秀的指挥下，攻下邯郸，杀了王郎，并且缴获了王

学会低调：低调是为人处世的定海神针

宫里的大批文书档案。这些文书中，有几千封各地官员给王郎的信，信中说了刘秀不少坏话，劝王郎早些消灭他。当时许多人都认为这一下那些写信的人该倒霉了。谁知刘秀对这些信连看也不看，反而当着各路军马将领的面，把信全都烧了。

有些人对刘秀这么干很是奇怪，刘秀却淡淡地一笑说："过去的事何必再追究呢？让人家睡个安稳觉吧。"这件事传出去，那些原来反对过刘秀的人都对他既感激又佩服，反过来愿意为他出力了。

消灭王郎后，更始帝刘玄派御史传达诏令，立刘秀为萧王，并让他交出兵权。当时王莽已经被杀，更始帝进了长安，但他不管理朝政，任部下胡作非为，很快就激起了人民的反对。全国各地的豪强地主也趁机各自拉起队伍，烧杀抢掠。只有刘秀的汉军军纪严明，赏罚分明；政治上招集人才，争取民心，为夺取天下做足了准备。

公元24年秋天，刘秀带领汉军，先后打败了铜马军、高湖军和重连军。为了笼络人心，他封这些部队的投降将领为列侯。但是这些投降的将领并不安心，老担心刘秀总有一天会收拾了他们。刘秀看出了他们的心思，就让他们各回原来的军营统帅部队，然后自己骑着马，只带几个随从，到各军营去检阅。

投降的将领见刘秀这么信任他们，都很受感动，在一起议论说："萧王这是把一颗真心放到别人肚子里，也就是推心置腹呀！我们能不为他拼死出力吗？"从此都一心向着刘秀了。

对于爱挑毛病的人来说，别人哪儿都不如他，别人身上处处是毛病；对于喜欢看人长处的人来说，处处是可用之人。自然地，前者最终会成为孤家寡人，后者则能得到大家的帮助和拥戴。

第六章
低调是一种坦然淡定的心态

1. 没有人会是永远的赢家

人生犹如一个大赌局，在这场赌局中，谁也不能成为永远的赢家，谁也不可能永远做输家。人生总是要历经众多的大风大浪、大磨难，然而这样的经历虽然成就了一批人，也同样葬送了一批人。为何这样说呢？

有的人由于不能很好地面对挫折或失败，于是当他们遇到一些经济上的、生活上的或名誉上的挫折、失败时，思想就崩溃了，这些人都是一些经不起失败或挫折考验的人，亦是失败命运的拥有者。

输是什么，失败是什么？什么也不是，只是更走近成功一步；赢是什么，成功是什么？就是走过了所有通往失败的路，只剩下一条路，那就是成功的路。

有一位教授正在考虑明天给学生们上的一节哲学课，却总想不到一个好的讲题很着急。他六岁的儿子总是隔一会儿就跑到他的书房里去，要这要那弄得他心烦意乱。

教授为了安抚他的儿子不让他来捣乱，情急之下从书桌上的一本杂志里找出一张世界地图的夹页，撕了下来然后撕碎了，递给儿子说：

"来，我们做一个有趣的拼图游戏。你回自己房里去把这张世界地图拼好，我就给你一美元。"

中篇

学会低调：低调是为人处世的定海神针

儿子出去后，教授把门关上，得意地自言自语：

"哈，这下可以清静了。"

谁知没过几分钟儿子又跑来了，并告诉他，图已拼好了。教授大吃一惊，急忙到儿子房间去看结果，果然那张撕碎的世界地图完完整整地摆在地板上。

"儿子你真棒，不过怎么会这样快?"教授吃惊地望着儿子，不解地问。

"是这样的，"儿子说，"世界地图的背面印有一个名人的头像，只要人拼对了，世界地图自然就对了。"

教授爱抚着小儿子的头若有所悟地说：

"说得好啊，人对了，世界就对了——我已经找到明天的讲题了。"

人对了，世界就对了。——正是我们应该对待失败的态度。失败是什么? 客观地说它只是没有得到或丢失一些东西；主观地说它只是一种心灵状态而已。客观上的失去或没得到表面上看我们是失败了，但失败不代表一无所获，毕竟我们知道这条路不通向成功，可以选择其他的路。

许多时候，我们都希望事情会如我们想象的方向发展，但是事实却未必如此，失败的阴影总会第一个袭向我们。一旦被它缠住是件很苦恼的事情，它会令我们作怪。当遇到这种情况时，一定要让我们的心灵变换一种状态，抛开压抑从容乐观地对待这种情况。

有一个樵夫黄昏回家时，发现他的房子起火燃着了。

左邻右舍都前来帮忙救火，但是因为傍晚的风势过于强大，所以还是没能将火扑灭。一群人只能静待一旁，眼睁睁地看着炽烈的火焰吞噬了整栋木屋。

大火终于灭了，只见这位樵夫手里拿了一根棍子，跑进烧成灰烬的屋里不断地翻找着。围观的邻人们以为他在找藏在屋里的珍贵宝物，所

以都好奇地在一旁注视着樵夫，企盼他快点儿找到，也好看看是什么宝物。

过了半晌，樵夫终于兴奋地叫起来："我找到了！我找到了！"

邻人们纷纷向前一探究竟，才发现樵夫手里捧着一柄柴刀，而根本不是什么值钱的宝物，于是都扫兴地离开。

樵夫兴奋地砍下一段木棒嵌入柴刀里，充满喜悦地说："谢天谢地，它还在。只要有了这柄柴刀，我就可以再建造一个更坚固耐用的家了。"

我们应该敬佩那些从不幸中站起来的人，正如故事中的樵夫一样，当他面临不幸的时候他并没有被一时的厄运击倒，反而从中找到了另外一个值得去高兴的理由——他的柴刀。因为柴刀就是他的希望。

富兰克林曾说："有耐心的人才能达到他所希望的目的。"不错，任何事业都不会一帆风顺，通往成功的大道上会遇到许多"绊脚石"，但只要正确对待，不气馁，持之以恒，始终坚定如一，成功是会有希望的。成功的人大部分都曾被失败冲击过，所不同的是他们的心灵却一刻也没有被击倒，能够积极地向着成功之路迈进所以他们成功了。这些成功的人总是在失败的时候能够将负面的影响转变成积极的能量，告诉自己："天无绝人之路。"

人生如船，在猝不及防的情况下可能遭遇到狂风暴雨、惊涛骇浪、冰山暗礁……只要你的心灵之舟不沉没你就不能丢掉希望和意志力，这样才会在失败的道路上踏出一条成功的足迹。

2. 不是一切失去都只意味着缺憾

世间事，凡有一得必有一失，凡有一失必有一得。当你终于成功了，失去的是青春；你终于事业有成了，失去的是健康；一些所谓的成功人士有许多女伴的时候，失去的也许是忠贞不渝的爱情和夫妻间的相濡以沫；儿孙满堂时，失去的却是一生。

我们出来做事，如果一点都放不开，什么也舍不得的话，很可能就什么也得不到；你捡起一块石头之后总也放不下的话，双手就不能用来干别的事了。

而一个人的精力总是有限的，如果什么都想得到，分心太散，则很可能什么也得不到，什么事也做不成。有的人总幻想做遍世上的一切工作，那太不现实了。人还是一辈子只做几件事好，但是要把那几件做得像个样子。

希尔·西尔弗斯坦在《失去的部件》中记述了这样一件故事：

一个圆环失去了一个部件，它旋转着去寻找这部件。因为缺少了部件，它的滚动非常缓慢，这使得它有机会欣赏沿途的鲜花，可以与阳光对话，和地上的小虫聊天，同蝴蝶吟唱……而这是它在完整无缺、快速滚动时无法注意、没能享受到的。但当它找到那部件后，因为滚得太快，它不能从容欣赏花，也没有机会聊天，因而失去了所有的朋友，一切都变得稍纵即逝……

在梦中的天姥山的石阶上，李白脚着谢公屐，看海日，闻天鸣，醒来便仰天长啸出门去，不肯摧眉折腰事权贵。李白选择了骑鹿游名山，失去了权势，却得到了开心颜。

在南山蜿蜒的小路上，东篱下，一个采菊的身影，挥罢衣袖，吟道："少无适俗韵，性本爱深山。"在误落尘网三十年后，陶渊明选择了守拙归田园，失去了五斗米，却挺直了他的脊梁。

在惶恐滩头，在零丁洋里，文天祥一身浩然正气，不被利禄所惑，不为强暴所服，失去了生命，却得到了千古赞颂。

不是一切失去都只意味着缺憾。

在国家生死存亡的关头，为了个人的恩怨，为了一己之私，秦桧谗言献媚，一旨"莫须有"，断送了祖国大好河山。是的，他得到了满足，却留下了千古骂名。

在列强任意践踏我们民族的危难中，为了荣登大宝、圆皇帝梦，袁世凯泯灭良知，断然签下了丧权辱国的"二十一条"。他虽然得到了帝国主义的支持，但最终却在绝望中死去。

不是一切得到都意味着圆满。

在人生道路上，在花花世界里，你是否看清：不是一切失去都意味着缺憾，不是一切得到都意味着圆满。

不要为失去的追悔伤心，也许失去意味着更好的得到，只要你选择的是纯洁而又美好的理想；不要为得到的而沾沾自喜，也许得到代表着你失去了更多，如果你选择的是虚荣而又自私的目标。

天台国清寺的两个诗僧，在幽静的林子里，在月光下对话。一问：世人谤我、欺我、辱我、恶我，如何？一答：你只需由他、任他、忍他，你且看他。

是啊，无论失去或得到，只需用一颗平静的心去面对，缺也会是圆。

得与舍的关系是很微妙的，一个人一生中可能只能得到有限的几样东西。而这些东西可能要用一生的时间来换取，所以在这个意义上人生是个悲剧。这个世界上有那么多东西，又有那么多美好的东西，可是那一切好像与你无关，它对于你只是作为一种诱惑出现，你只能眼睁睁看着别人将它拿走。如果一点都放不开，什么都舍不得，什么都想得到，就会活得很累。可是你本来就一无所有，甚至这世界上本来就无你，从这点看，你已经获得了几样东西，最起码获得了生命，和来世界走一遭的体验。上帝对你还是不错的，起码在这个美好纷繁的世界上旅游了这些许年，所以你看，你是不是又得到了许多？

参透了得与失，就不会得意忘形，也不会悲观失望，就有一颗平常心，一颗从容心，就可以做事了。

学会低调：低调是为人处世的定海神针

3. 管得住自己，才能成就大事业

一个人，无论做什么事情，都要受道德和法律的约束。就是在日常生活中，也要懂得约束自己的言行。常言道："人是感情的动物。"其实还应当补充一条："人是理智的动物。"一言一行，都该是理性的，理智的。一个人听任感情发泄，那会有什么结果呢？任凭情感的潮流激荡、冲动、涌撞，不用意志的堤坝加以控制，潮流便泛滥开来，悲剧就会发生。自觉地控制自己的情感意外发作的能力，就叫自制力。它是意志品质，即心理素质的组成部分。培养自己的自制能力，对于刚踏上社会人生的青年人，特别重要。因为青年人最少保守，却易冲动；最少因袭的重负，却易想入非非。为此，便需引导他们学会自制。高度的自制力，可以克制任何有悖理智的冲动，战胜一切阻碍自己向健康目标前进的恐惧动摇、怠惰、贪欲等情感。

岳飞喜欢饮酒，高宗对他说："今国难当头，你不可嗜酒啊！"岳飞从此把酒戒了，并终身不饮。岳飞的自制力好，所以他能大小数百战，攻无不胜，战无不取，吴王夫差战胜不了自己的欲望，所以被人用美女和财宝打败了，越王勾践战胜了自己的欲望，记住自己的耻辱，为了尊严，他最终夺回了自己的江山，还消灭了吴国。

美国教育家威廉·赫金博士曾说："人性有欲使自己同化于所全力注意之目的物的倾向。"我们只要仔细地想想，这话确实意义深长，他的意思是说：如果我们经常去想一些低劣的事情，注视丑恶的事物，或隐溺在恶劣大环境中，不知不觉间，我们也会受到它们的感染。俗话说得好："近朱者赤，近墨者黑。"有些人一开始是基于好奇的心理接近罪恶，然而，一旦与之接触，就往往不知不觉中受到罪恶的诱惑，而掉入罪恶的深渊，不能自拔。

释迦于修行之际，恐怕也曾遭遇过这一类懈怠心志的诱惑，并且尝到努力自陷溺中自拔的况味，所以他才一再告诫弟子们："近善远恶。"

朋友交往也是如此，一味地接近恶友，与恶友交往，自己也会受到恶的感染，而无法自拔。也许我们可以说，借我们的力量去感化恶友，但是，除非我们自己有足够的定力，否则切无此幻想。相反的，多多接近善的人或事物，不知不觉中人也会受其感化而变善。

当然，人并不能清清楚楚被区分为善人或恶人，每一个人都有优于我或劣于我的地方。我们应该吸取朋友身上有利于提升人格的优点，并与之共勉，共享人生的喜悦。

这个世界诱惑实在太多，你能在关键时刻管得住自己那你就胜利了，失败的人居多，是因为真正能掌控自己的人实在太少。其实胜利很简单，无非需要点思想，需要点意志力，需要点时间。

4. 多一物多一心，少一物少一念

五光十色的视觉感受，会让人眼花缭乱产生错觉，杂乱的靡靡之音听多了，听力会变得迟钝。丰美的饮食，使人味觉迟钝。纵情围猎，使人内心疯狂；珍稀的器物，使人行为失常。因此，有道的人只求安饱而不追逐声色之娱，所以摒弃物欲的诱惑而吸收有利于身心自由的东西。

老子曾说："五色令人目盲，五音令人耳聋，五味令人口爽。驰骋畋猎，令人心发狂；难得之货，令人行妨。是以圣人为腹不为目，故去彼取此。"老子的意思是说，如果一个人过分追求感官刺激，则会伤其身、乱其心。

一个人一旦被欲望缠上了身，他就难以得到安宁，时刻仿佛有大患在身，无论得宠还是受辱，在心理上都时时会处于惊恐之中。

人生历世，多一物多一心，少一物少一念，不要为外物所拘，心安理得处，就可明心见性。

有个商人婆了四个老婆：第一个老婆伶俐可爱，像影子一样陪在他身边；第二个老婆是他抢来的，美丽而让人羡慕；第三个老婆，为他打理日常琐事，不让他为生活操心；第四个老婆，整天都在忙，但他不知道她忙什么。

商人要出远门，因旅途辛苦，他问哪一个老婆愿意陪伴自己。

第一个老婆说："我不陪你，你自己去吧！"

第二个老婆说："是你把我抢来的，我也不去！"

第三个老婆说："我无法忍受风餐露宿之苦，我最多送你到城郊！"

第四个老婆说："无论你到了哪里我都会跟着你，因为你是我的主人。"

商人听了四个老婆的话颇有感叹："关键时刻还是第四个老婆好！"于是他就带着第四个老婆开始了他的长途跋涉。

其实，这里所说的这四个老婆就是我们自己！

第一个老婆指的是肉体，人死后肉体要与自己分开的；

第二个老婆是指金钱，许多人为了金钱辛劳一辈子，死后却分文不带，无非是水中捞月；

第三个老婆是指自己的妻子，生前相依为命，死后还是要分开；

第四个老婆是指个人的天性，你可以不在乎它，但它会永远在乎你，无论你是贫还是富，它永远不会背叛你。

如果有一个地方，能让我们心安，能让我们抛却浮躁，那不正是我们理想的栖息地吗？我们又何必刻意地去寻找呢？一片生机盎然的花圃，一座巍巍葱茏的大山，一场密密匝匝的雪花，一本泛着墨香的书卷，都可以成为我们自由的栖息地，都可以容纳我们放逐的心灵和漂泊的意志。

要想自由的栖居，耐得住寂寞，必须放得下繁华。如果心恋浮华，不舍喧嚣，是不会得到心灵的安顿的。这就好比一个人，终日汲汲于富贵，切切于名禄，桎梏于外物，他又怎么可能脱离尘世而追寻幽独？又好比是一匹马，如果被拴上了车套，他只有一味的卖力奔驰，哪还会有机会停下来思索自己的生命呢？

要想有自己自由的栖息地，就不要受拘于外物。因为外物总是短暂而容易腐朽的，只有生命的灵魂才是永恒。我们又怎能让短暂的腐朽来妨害对永恒的生命的思索呢？

穷人和富翁在湖边晒太阳。富翁问穷人："你为什么不去租条船，搞海运呢？"

穷人问："然后呢？"

"然后就可以做大买卖赚很多钱。"

"再然后呢？"

"你就可以买条船，创立自己的商队。"

"接着呢？"

"接着你就发财了，成了和我一样的富翁。"

"成为富翁又如何呢？"

"可以悠闲地在湖边晒太阳。"

"我现在不正在悠闲地晒太阳吗？"穷人最后说道。

不拘于物是一门哲学，需要有大智慧，需要懂得放下。智慧会让我们生活得快乐充实；放下会让我们生活得轻松无羁。不要顾忌舍弃而拒绝简单的生活，那样的话，你将不堪重负，顾虑重重，心力交瘁，六神无主……

有的人对生命有太多的苛求，弄得自己生活在筋疲力尽之中，从没体味过幸福和欣慰的滋味，生命也因此局促匆忙，忧虑和恐惧时常伴

中篇

学会低调：低调是为人处世的定海神针

139

随，一辈子实在是糟糕至极。月圆月亏皆有定数，岂是人力所能改变的？不如放下，给生命一份从容，给自己一片坦然。你要知道，错过了太阳，不是还有浩渺的繁星在等待我们吗？

人生一世，是不可能一帆风顺的。只有不拘外物，才会另有收获。人生一切痛苦的根源，就是对于外物的追求和执著。超越外物，就是超越自我。无物也就是无我，自己的心境也就不会随着外物的变化迁移而波动。正所谓"是进亦忧，退亦忧"，不假于物，才能造就真实的自我。

5. 走出生命中的"多纳尔关口"

在人的一生中，会经常遇到要为顾全大局而牺牲局部的情况。我们必须不断地权衡轻重得失，以决定牺牲的分量和等级。

为了工作，我们可以牺牲娱乐；为了孩子，我们可以牺牲睡眠；为了保全生命，我们可以抛弃身外之物。如果不懂得这一道理，其后果将是不堪设想的。

1846 年 10 月，多纳尔家族一行 87 人在前往加州的路上被大雪阻隔，他们被困在关口里。40 天后，有一半的人陆续死于饥饿和疾病。

最后，终于有两个人决定出去求援。他们在徒步可以到达的范围之内，很快就到达了一个村庄，并带回一个救援队，使其他幸存者得以获救。

你是否觉得好奇，在面临饥饿和死亡的状态下，他们为什么等待了40 天，才决定放弃那个地方？为什么没有人愿意冒险出去求援？原因很简单——他们不愿意放弃身边的财产。

他们曾试图把马车和财物拖走，结果搞得筋疲力尽却徒劳无功，只好作罢。就这样任由大雪围困在关口，直到耗尽所有的食物和供给。

想想看，我们是否也经常陷入这种"关卡"呢？由于害怕失去既有的社会地位、丰厚的收入、漂亮的办公室以及握在手中的权力，多少人放弃了新工作的挑战，宁可守着一份并不喜欢的工作，虚度数十年的光阴。当你的生命越是往前走，你就聚积越多的包袱和负担——财产、名位、习惯、人际关系、应该做的、必须做的……不断地增加，于是更加依恋这熟悉的一切，舍不得放下。由于害怕失去拥有的一切，多少人不愿意冒险、恐惧突破，不敢离开那种一成不变的生活，以致平凡无趣地走完一生。

这也就是为什么有那么多人宁可留在熟悉的地狱，也不愿走进陌生的天堂。为何有那么多人把自己困在无形的牢笼内，而无法走出生命中的"多纳尔关口"的原因。

《左传》云："肉食者鄙，未能远谋。"现代医学又早已证明，吃太饱、喝太足会让人萎靡不振。至于那些整日贪图享受的人剩下的只有死路一条，因为他们的血管已经被堵塞，身体已经被淘空。

大名鼎鼎的日本东芝公司在上世纪六七十年代曾有过不良记录，当时经济萧条，日本局势风雨飘摇，偏偏这时，东芝公司高层的某些人不思进取，整日困于酒食，饱食终日，无所事事，业绩一落千丈。高层的行为影响全公司，整个东芝一时弥漫着一股奢靡腐朽的死亡气息。

土光敏夫改革东芝的主要手段便是"撤其酒食"，强行命令下属戒掉贪图享受、不思进取的恶劣风气。东芝由此才又慢慢走上正轨。

此事非常值得中国企业与企业家借鉴，很多人在赚了一笔小钱后马上就去挥霍享受。不改掉这一恶习，必无大成就。

6. 凡事不能不认真，也不能太认真

子贡曾经这样评价管仲曰："管仲非仁者与？桓公杀公子纠，不能死，又相之。"子曰："管仲相桓公，霸诸侯，一匡天下，民到于今受其赐。微管仲，吾其被发左衽矣。岂若匹夫匹妇之为谅也，自经于沟渎，而莫之知也。"

子贡拿个人的人格来看管仲，可以说他是不仁不义。齐桓公杀了公子纠，管仲本来追随公子纠的，照理也应该殉死，他却不能以死尽忠，后来反而更进一步投降齐桓公，居然贪富贵做宰相，就更不对了。

孔子说，政治道德、人生道德，很难评论得公平中肯。管仲投降了齐桓公以后，帮助齐桓公在诸侯中称霸，把当时那么乱的社会辅正过来，对历史的贡献，对国家民族社会的贡献太大了。到现在管仲已经死了，可是我们这些人都受了他的好处，今天社会能够安定，各个诸侯的国家能够安定，都是他的功德所赐。假使当时没有管仲，那我们即已变成野蛮民族了。

孔子还告诉子贡，管仲对历史的贡献有如此的大，没有管仲，我们的文化都可能灭绝了。这种情形，又怎么与他怎么不为公子纠而死的观念比呢？公子纠对管仲并不好，不听管仲的意见，如听管仲的意见，就不会有齐桓公，而是公子纠称霸了。公子纠不以管仲为国士，管仲也不必要为公子纠殉死。这就不能拿普通一般人的情形来责备管仲了。如果一碰到失败就自杀，则毫无价值，好像倒在污水沟里，这样一死了之，又有什么意义？所以管仲不轻易为公子纠而死，以致他后来才能做出这么大的贡献。

其实，孔子对管仲这个人是有认可也有否定的，但总的说来，他肯定了管仲有仁德。根本原因就在于管仲"尊王攘夷",反对使用暴力,而且阻止了齐鲁之地被"夷化"的可能。没有在他的节操与信用上斤斤计较。

人们常说:"凡事不能不认真,也不能太认真。"一件事情是否该认真,要看场合来定。

荷马·克鲁伊是个作家,以前他写作的时候,常常会被纽约公寓热水管的响声吵得心烦意乱。他说:"后来有一天,我和几个朋友一起去露营,当我听到木柴烧得很响时,突然想到,这些声音多像热水管的响声啊!我为什么会喜欢这种声音,而讨厌家里的那种声音呢?回到家以后,我就试着对自己说,热水管的声音就像木柴燃烧的声音一样好听,然后我就埋头大睡。刚开始那几天,我还会留意热水管的声音,可是不久我就把它们全忘记了。"

荷马聪明地摆脱了一个小小的困扰,如果他一味地在这件事情上纠缠不休,最后不见得就能解决问题,还白白浪费了时间。

一个人要想生活在一个健康的环境里,就一定不要斤斤计较个人的得失。

英国有一位很著名的作家,出身极其穷苦,他的成功是靠着从艰苦卓绝之中,抱着百折不挠的精神,长期奋斗得来的。他有一个习惯,那就是从不在乎别人付给他的稿酬多少。当他暮年的时候,各大书局竞相寻觅他的佳作,他的酬金版税也就丰富起来。

但好景不长,他不久就生了一场大病,并且生命垂危。这个消息一传开,就有很多访问者赶来探望,他们的目的就是为了得知他的遗嘱,然后在各报发表。这班人马站在病床旁边向他请求说:"老先生,你是奋斗恶劣环境的胜利者,那种百折不回,刻苦自励的精神,真使我们敬佩不已。你已功成名就,对我们这班崇拜你的青年,景仰你的后生有何教训?我们愿意知道先生的秘诀,胜利的方法,以作我们的指引。"

学会低调:低调是为人处世的定海神针

那位老先生听了这番诚恳的请求，只是微微地睁开了昏花的老眼向着他们看了看，仍旧一言不发。

他们又向他请求说："老先生饶恕我们的麻烦，在你病中唠唠叨叨，实在对不起。我们是新闻杂志的记者，愿意听听先生最后的教训，不但我们获益，在报上发表以后，不知又将造福多少青年，因此务请不吝赐教，我们谨候恭听。"

"成功么？秘诀么？有，请看马太福音十六章二十六节。"老先生轻轻地说完上面的话，便合上了双眼，与世长辞了。访问者一一记在纸上，连忙打开圣经看，只见上面写的是："人若赚得全世界，赔上自己的生命，有什么益处呢？人还能拿什么换生命呢？"

是的，人即使得到了整个世界，却付出了整个生命，又有什么益处呢？因此，人一定不要斤斤计较个人的得失。

不斤斤计较的人拥有豁达的胸怀，即使在他们去世之后，也让人们深深地怀念。不斤斤计较是一种明智，一辈子不吃亏的人是没有的。

同事间你来我往，无法做到绝对公平，总是要有人承受不公平，要吃亏。倘若人们强求世上任何事物都公平合理，那么，所有生物链一天都无法生存——鸟儿就不能吃虫子，虫子就不能吃树叶……

既然吃亏有时是无法避免的，那何必要去计较不休、自我折磨呢？事实上，人与人之间总是有所不同的。别人的境遇如果比你好，那无论怎样抱怨也无济于事。最明智的态度就是避免提及别人，避免与人比较这比较那。而你应该将注意力放在自己身上，"他能做，我也可以做"，以这种宽容的姿态去看待所谓的"不公平"，你就会有一种好的心境，好心境也是生产力，是创造未来的一个重要保证。

不斤斤计较，也是一种高明的处世方法。

当领导的，都喜欢办事得力、不斤斤计较个人得失的部下。阳刚之气过盛的领导更不喜欢斤斤计较个人得失的部下。要取得他的信任，首

先你自己要付出巨大的努力。凡是领导交给你的工作都要尽最大的力量去完成，争取每一件事都做得漂漂亮亮。对待个人利益一定要以大局为重，不去斤斤计较。遇到一些非原则性的小事，尽管自己觉得委屈，也不要去招惹你的上司，以免同他产生对立情绪。这样，就会让他觉得，他欠你的太多，在需要的时候，他必然首先想到你。

常言说："吃亏是福。"就是这个道理。

有时候，退一步海阔天空，换个思维想一想，一切就都迎刃而解了。所以，凡事总能找到解决的途径，只要你肯动脑筋。对于一些无关紧要的小事，你真的不必太过计较。人生苦短，多留些快乐的日子给自己吧！

7. 适可而止，见好就收

任何事情都不是孤立的，环境适应了，它就会生长。修道也不是空行的，遇到缘分就能适应。

在生活悲欢离合、喜怒哀乐的起承转合过程中，人应随时随地、恰如其分地选择适合自己的位置。中国人说："贵在时中！"时就是随时，中就是中和，所谓时中，就是顺时而变，恰到好处。正如孟子所说的："可以仕则仕，可以止则止，可以久则久，可以速则速。"鉴于人的情感和欲望常常盲目变化的特点，讲究时中，就是要注意适可而止，见好就收。一个人是否成熟的标志之一是看他会不会退而求其次。退而求其次并不是懦弱畏难。当人生进程的某一方面遇到难以逾越的阻碍时，善于权变通达，心情愉快地选择一个更适合自己的目标去追求，这事实上也是一种进取，是一种更踏实可行的以退为进。古人说："力能则进，否则退，量力而行。"自不量力是做人的大敌。当一个人在一种境地中感到力不从心的时候，退一步反而海阔天空。

一个聪明的女人懂得适度地打扮自己，一个成熟的男子知道恰当地表现自己。美酒饮到微醉处，好花看到半开时。明人许相卿说："富贵怕见花开"。此语殊有意味。言已开则谢，适可喜正可惧。做人要有一种自惕惕人的心情，得意时莫忘回头，着手处当留余步。此所谓"知足常足，终身不辱，知止常止，终身不耻"。宋人李若拙因仕海沉浮，作《五知先生传》，谓做人当知时、知难、知命、知退、知足，时人以为智见，反其道而行，结果必适得其反。君子好名，小人爱利，人一旦为名利驱使，往往身不由己，只知进，不知退。尤其在中国古代的政治生活中，不懂得适可而止，见好便收，无疑是临渊纵马。中国的君王，大多数可与同患，难与处安。所处以做臣下的在大名之下，往往难以久居。故老子早就有言在先："功名，名遂，身退。"范蠡乘舟浮海，得以终身；文种不听劝告，饮剑自尽。此二人，足以令中国历史臣宦者为戒。不过，人的不幸往往就是"不识庐山真面目。"

任何人不可能一生总是春风得意。人生最风光、最美妙的往往是最短暂的。俗言道："花无百日红，人无千日好。"就像打牌一样，一个人不能总是得手，一副好牌之后往往就是坏牌的开始。所以，见好就收便是最大的赢家。世故如此，人情也是一样。与人相交，不论是同性知己还是异性朋友，都要有适可而止的心情。君子之交淡如水，既可避免势尽人疏、利尽人散的结局，同时友谊也只有在平淡中方能见出真情。越是形影不离的朋友越容易反目为仇。因此，古人告诫说："受恩深处宜先退，得意浓时便可休。"即使是恩爱夫妻，天长日久的耳鬓厮磨，也会有爱老情衰的一天。北宋词人秦少游所谓"两情若是长久时，又岂在朝朝暮暮"，这不只是劳燕两地的分居夫妻之心理安慰，更应为终日厮守的男女情侣之醒世忠告。

佛下山游说佛法，在一家店铺里看到一尊释迦牟尼像，青铜所铸，形体逼真，神态安然，佛大悦。若能带回寺里，开启其佛光，济世供奉，真乃一件幸事，可店铺老板要价5000元，分文不能少，加上见佛如此钟爱它，更加咬定原价不放。

佛回到寺里对众僧谈起此事，众僧很着急，问佛打算以多少钱买下它。佛说："500元足矣。"众僧唏嘘不止："那怎么可能？"佛说："天理犹存，当有办法，万丈红尘，芸芸众生，欲壑难填，得不偿失啊，我佛慈悲，普度众生，当让他仅仅赚到这500元！"

"怎样普度他呢？"众僧不解地问。

"让他忏悔。"佛笑答。众僧更不解了。佛说："只管按我的吩咐去做就行了。"

第一个弟子下山去店铺里和老板砍价，咬定4500元，未果回山。

第二天，第二个弟子下山去和老板砍价，咬定4000元不放，亦未果回山。

就这样，直到最后一个弟子在第九天下山时所给的价已经低到了200元。眼见着一个个买主一天天下去、一个比一个给得价低，老板很是着急，每一天他都后悔不如以前一天的价格卖给前一个人了，他深深地怨责自己太贪。到第十天时，他在心里说，今天若再有人来，无论给多少钱我也要立即出手。

第十天，佛亲自下山，说要出500元买下它，老板高兴得不得了——竟然反弹到了500元！当即出手，高兴之余另赠佛龛台一具。佛得到了那尊铜像，谢绝了龛台，单掌作揖笑曰："欲望无边，凡事有度，一切适可而止啊！善哉，善哉……"

古人言："乐不可极，乐极生悲；欲不可纵，纵欲成灾。"乐极生悲一语中国几乎妇孺皆知，但一般人对它的理解，往往是一个因快乐过度而忘乎所以、头脑发热、动止失矩，结果不慎发生意外，惹祸上身，化喜为悲。凡读过王羲之的《兰亭集序》，大致上可以领悟乐极生悲的

学会低调：低调是为人处世的定海神针

含义。在崇山峻岭、茂林修竹的雅致环境里，众贤毕至，高朋会聚，曲水流觞，咏叙幽情，这是何等快乐！王羲之欣然记道："是日也，天朗气晴，惠风和畅。仰观宇宙之大，俯察品类之盛，所以游目骋怀，足以极视听之娱，信可乐也。"但是，就在"怡然自足，不知老之将至"之时，突然使人产生了万物"修短随化，终期于尽"的悲哀，于是情绪一转："及其所之既倦，情随事迁，感慨系之矣！向之所欣，俯仰之间，已为阵迹，犹不能不以之兴怀。"这是真正的乐极生悲。类似的心情变化可以在苏东坡的《前赤壁赋》中进一步印证。苏东坡与客泛舟江上，"饮酒乐甚，扣舷而歌"，这本来是很快活的，偏偏乐极生悲，"客有吹洞箫者，倚歌而和之"，其声偏偏又呜呜然。"如怨如慕，如泣如诉"，这八个字真是把一个人由乐转悲之后的难言心境写绝。饮酒本是一件乐事，但多愁善感的人饮酒，往往会见物生情，情到深处反添恨。正如司马迁所说："酒极则乱，乐极则悲，万事尽然。"

乐极生悲概括地讲，是一个对生命的热爱和留恋而生出的惘然和悲哀，详情而言，是一个人对生活中好花不常开，好景难常在的无奈和怅怀。人的情绪很难停驻在一种静止的状态，人对世事盛衰兴亡的更替习以为常之后，心境喜怒哀乐的轮回变换也成为了自然，人在纵情寻乐之后，随之而来的往往是莫名其妙的空虚伤怀，推之不去避之不开，因为欢乐和惆怅本来就首尾并列。所以庄子在"欣欣然而乐"之后感叹："乐未毕也，哀又继之。"人只有在生命的愉悦中才能体会真正的悲哀。所以，真正的丧亲之痛，不在丧亲之时，而在合家欢宴，或睹旧物思亡人的那一瞬间。人在悲中不知悲，痛定思痛是真痛。

适可而止，见好便收，是历代智者的忠告，更是一门处世的艺术。

世事如浮云，瞬息万变。不过，世事的变化并非无章可循，而是穷极则返，循环往复。人生变故，犹如环流，事盛则衰，物极必反。生活既然如此，做人处世就应处处讲究恰当的分寸。过犹不及，不及是大错，太过是大恶，恰到好处的是不偏不倚的中和。基于这种认识，中国人在这方面表现出了高超的处世艺术。中国人常说："做人不要做绝，说话不要说尽。"廉颇做人太绝，不得不肉袒负荆，登门向蔺相如谢罪。郑伯说话太尽，无奈何掘地及泉，隧而见母。故俗言道："凡事留一线，日后好见面。"凡事都能留有余地，方可避免走向极端。特别在权衡进退得失的时候，务必注意适可而止，尽量做到见好便收。

8. 随缘自在，不为物役

日常生活中，人们要为身体的吃而烦恼：穷人不知道下一餐食物在哪里，富人什么都吃腻了，下餐却不知该吃什么才可口；为穿而烦恼，服装款式层出不穷，穿什么才时髦呢？

当然也还有人为冬天的到来，没有寒衣而苦恼；为住而烦恼，地皮的价格不断在上涨，买一套房子要几十万，租房也很贵。对于工薪阶层而言，住房是很令人操心的。有了房子又因为太窄，或周围环境不理想，住得不舒服。有人想住宽敞的楼房或别墅，而又没钱。为了幸福，吃、穿、住就够我们烦恼一辈子了。与基本生存相应的是财富。为了维护"我"能够更好地生存，就得拼命地去工作，去创业。假如没有特别的技能，就需要卖苦力；有人虽然有自己的事业，但这事业就像一副沉重的担子，终日要为此操尽心思。工作原为享受，而为了工作必须放弃享受。创业难，守业也难。人在没有财富时，为了"我"的生存会处在不断追求财富的奋斗中。一旦富足，人生无所追求，生活就会出现厌倦，那就更可怕了。

慧能去向五祖学习佛法，五祖说："你是南方人，也学佛法?"慧能说："佛法还分南北吗?"五祖就留下了他，让他劈柴。慧能想也许劈柴也是参悟佛法吧。

多年后，五祖年龄大了，就有心选一个传法之人。于是，在一天的下午，他召集所有的弟子，对他们说："你们都将自己多年证悟的结果写成偈子，我要看谁真正悟道了，就将衣钵传给这个人。"

五祖的大弟子神秀，被认为是最有希望成为衣钵传承的人。于是，很多人都关注着他，争着去看他的偈子。有的人甚至根本没想去作偈子，而是等着看神秀的参悟。没有几天，神秀的偈子就传遍了整个寺院，他就将它写在醒目的墙上。偈子云："身如菩提树，心是明镜台。时时勤拂拭，勿使染尘埃。"

本来有的人写好了自己的证悟，一看神秀的偈子写得如此之好，就不好意思再将自己的拿出来。很快，这就传到了慧能的耳中。慧能听了后，就告诉身边的僧人说："这首偈子还行，但并未真正悟道。"

没想到，五祖很快就知道了慧能说的话。在大家的一致要求下，慧能说出了自己的偈语。他说的是："菩提本无树，明镜亦非台。本来无一物，何处惹尘埃。"

他们这才信了这位"劈柴工"所说的话，人们擦掉了神秀的那首偈子，将慧能的写上了那面墙。慧能由此而得五祖秘传衣钵，隐行南下传道说法，遂成禅宗六祖。

好一个"本来无一物"。人这一生不可能一帆风顺，总会有困难，有挫折，有烦恼，有痛苦，想躲也躲不过去。对此你叹息也好，焦急也好，忧虑也好，恐惧也好，都解决不了问题。"本来无一物，何处惹尘埃。"何必在意那么多呢？

世上的事本应如此，简简单单平平淡淡。是你的终归是你的，不是你的就算强求你也求不到。没有欲望，就没有烦恼。欲望越多，烦恼也就接踵而来。可是现实生活中，又有几人能做到无欲无求？

因此，人类一切烦恼都是以执我为根源。正如《菩提道次弟略论》

卷四说："由我贪增上，以我爱执持，从无始生死直至于今，生起种种不可欲乐，虽欲作一自利圆满，执自利为主要，以行非方便故，虽经无数劫，自他义利皆悉无成，非但不成而已，且纯为苦所逼迫。"众生执我，原为我的幸福，然因为执我故，带来了人生的种种烦恼。

《金刚经》是以谈空为核心的典籍，但它的重点在于谈无我。打开《金刚经》我们就会发现，《金刚经》处处都在说无我。如《经》曰："若菩萨有我相、人相、众生相、寿者相即非菩萨。"又曰："如我昔为歌利王割截身体，我于尔时无我相、无人相、无众生相、无寿者相，何以故？我于往昔节节支解时，若有我相、人相、众生相、寿者相，应生嗔恨。"又曰："以无我、无人、无众生、无寿者，修一切善法，即得阿耨多罗三藐三菩提。"又曰："若复有人，知一切法无我，得成于忍，此菩萨胜前菩萨所得功德。"这些都说明了无我在修习菩萨道中的重要性。

"无我"能使我们超越自我。世间有许多人因为对自我不满意，他们想方设法的要超越自我，但无论如何也超越不了，于是乎很痛苦，很烦恼。原因是什么呢？是因为"执我"。我们现有的人格是以自我为中心形成的，"执我"假如没有动摇，要想改变我们的人格，那是很难的。因此，要想超越自我，首先必须放弃"执我"，由"通达无我"始能超越自我。

有时先失后得，如越王的卧薪尝胆，后来吞并吴国；有时先得后失，如先发财后破产；有时失就是得，如塞翁失马。得失相依，在得失的面前应该不值得忧喜，然而世人因为情有所偏执。读书的时候，觉得"书中自有黄金屋，书中自有颜如玉"；恋爱的时候，把爱情看得无比神圣，以为人生快乐尽在其中；当我们经商时候，把财富看作人生的一切。因而我们只重视人生的某一方面，把人生的一切幸福都建立在这上面，忽略了人生其他方面。因此当我们即使在一个领域得到了快乐，不

151

知你是否知道，此时你已经失去了其他领域存在的快乐。

现代人只懂得赚钱的重要，以为有钱就能过得快乐幸福了。其实构成人生幸福的不仅是财富，还有比财富更为重要的东西，那就是心灵与身体。有财富没有健康的身体，不能享受；有财富有健康的身体，但没有健康的心灵，也不能活得快乐。一个人烦恼时，可以逃避环境，但无法逃避他的心灵，就像你心情不好时，不论跑到哪里你都感到烦闷一样。

从人生幸福的意义上说，应该是心灵健康第一，身体健康第二，财富的拥有为第三。然而现代人舍本逐末，他们看不到心灵健康对人生幸福的重要意义，为了追求财富用尽心思；有了财富又尽情地放纵自己，使得整个心灵处在高度的破碎状态中。在这个社会中有钱人多得很，但有钱的人自己感觉幸福的没有几个，因为他们缺少健康的心态，他们没有心情享受快乐。

世人想超脱，希望潇洒走一回。很多人以为有钱，一掷千金，是潇洒；有人以为穿名牌，是潇洒；有人以为一餐饭吃上几万元，就潇洒。其实这是风光，不是潇洒，潇洒是建立在超脱基础上的。我们倘能处处以般若智慧去观照人生，不住于相，随缘自在，不为物役，那才是真正的潇洒。

9. 只有尊重生命，才能真正的参透人生

人生的问题很多，但如果给以高度概括，那便不外"生死"二字了。通常人们关心生活，然而，生活只是生的一部分。

死对人来说，是无法回避的，生的末端便是死。谁不想长命百岁？但人活百岁终要死，世上没有长生不老药。当然，对死亡怀有恐惧并不

奇怪，人一死，便会失去生活给他的各种美好事物。但一个人，如果经历过人世沧桑，活着时尽职尽责地工作，没有虚度时光，那么应该是死而无憾了。死亡是人生的终结，如同旅途的一个驿站。正像英国作家雨果临终前说的那样："生命的旅行，总有结束的时候，我该休息了。"

英国著名哲学家、散文家罗素对生死的理解很形象：每个人的人生都应该像河水一样，开始是细小的，流在狭窄的两岸之间，然后，热烈地冲过巨石，滑下瀑布。渐渐地，河道变宽了，河岸扩展了，河水流得更平稳了。最后河水流入海洋，不再有明显的间断和停顿，而后毫无痛苦地摆脱了自身的存在。能这样理解自己一生的人，将不会因害怕死亡而痛苦，因为他们所珍爱的一切都将存在下去。

如果我们都能像罗素那样，把人生比作河水，不知不觉地融入大海，毫无痛苦地失去自身的存在，那就不会感到死亡的恐惧了。当死亡来临之际，坦然面对死亡，把它当作生命过程里的一个环节。像雨果那样，临终轻松地说："我该休息了！"

圣严法师说："人活着不过是在一呼一吸之间，呼吸在，所以你一切都在。"

日本知名作家村上春树也说："死亡并不是生命的反义词，它是生命的一部分。"

禅宗还有句名言："大死一番，再活现成。"倘若不以身体作为死亡的依据，人的一生当中，总是要面临无数次死亡与重生的体验。

大多数的人，终其一生，费尽心思追寻的是：得不到的财富、不确定的爱情、过眼云烟的名利，却很少人能够停下来想一想，要如何正视终须面对的死亡。生死其实是同一件事的两面，生时不能无忧，临死必将慌乱。人生是一连串的未知、不确定，唯一可以确定的就是"死亡"，但却也是人们最难以接受的事实。悲恸、号啕与怨天尤人都于事无补，唯有坦然接受，好好准备。

人的一生之中，有许多不如意的事，死亡无疑是不如意中最不如意的一桩。死亡和我们生命中所经历的失败或者失去是一样的，都令人感到无比沮丧，尤其是面对自己或亲友终将死亡的事实时，更是难以接受。

死亡，是很多人的忌讳，但是，谁又能决定死亡？死亡，到底教会了我们什么？面对生死，恐惧是多余的，唯有面对。面对"有生必有死"的必然现象，犹如天下没有不散的筵席；就像我们现在对谈，结束后就要分开的。见面是缘，分开也是缘。分开以后会不会见面？以后是以什么样子的角色见面呢？在什么样的场合呢？不一定！如果真有因缘，就一定会再相见的，不管时空如何转变。

在《杂阿含经》第三十三卷中佛陀以四种良马譬喻众生的根器。认为最利根的人听闻老病死苦，心中便会生出警惕，依正法思维而调伏身心，有如上等的良马见鞭影即知行进的方向；比较次等根器的人，则是在见到邻里有人受老病死苦时，便心生警惕而发心修行，这样的人有如次等良马，虽然不能在睹见鞭影时，即知前进，但只经鞭杖轻触毛尾后，便知如何行走；第三等善根的人，则是要见到自己亲近的人深受老病死苦时，方才惊觉而发心修行，就如第三等良马，要等鞭杖轻抽，肌体微疼后，才知策进；第四种人，则要自己身遭老病死苦的折磨之后，才能认真面对生命的苦恼，犹如拉车的马虽经鞭子抽打仍不知策进，非得以铁锥刺身，彻肤伤骨之后才惊觉，进而"牵车着路，随御者心，迟速左右"。至于顽劣难以教化的劣马，则是伸颈狂嘶，作势噬人，前脚跪地，后脚踢人，不愿就轭，即或受轭，稍受鞭杖，便断缰折勒，纵横驰走。

虽然人生中有许多不确定的事，但有一件事是绝对确定的，那就是我们每一个人到最后，终究不免一死。把时间拉长，生死、死生是无尽的轮回。如同昨天、今天、明天的无尽延续，前生、今世、来生也是无始无终的联结，而贯穿无尽时间的是当下。这一刻是生，但对下一刻的生而言，前一刻的生已然是死。

前生已逝，未来未到，这都不是我们可以掌握的；唯有每一个现在，是我们可以把握住的。因此，我们不必因为终将死亡而变得消极虚无，也不必因为今生的不美满而寄望来世。把握"当下"的生活态度，其实就已决定我们的幸福与悲哀了。

在每一刻的现在，学习努力，并在每一刻的当下练习"为而不有"，那么，每一刻都将是圆满的结束，也就是崭新的开始。

孔子的学生季路问孔子："敢问死？"

子曰："未知生，焉知死。"

也许，在了解死亡的意义之前，要先知道怎么活？

在现实的世界里，不必以生死命题来钻牛角尖，也毋须在虚幻中迷失自己。因为，人生是永远的舍弃和永远的追求。我们无法预知死亡，唯一所能做的就是——活在现在、活在当下。

当下，就是生命最好的礼物。

"生如夏花之绚烂，死如秋叶之静美"，这是生的境界，也是死的境界。我们是心存希冀，痛苦的生存，还是快乐的死亡，让尊严归于尘土？只有真正尊重生命，懂得、参透生命的人，才能正确的把握。

10. 改变态度，就能改变问题

也许自己的才艺没有被人所理解和赏识，或者自己本身无才无艺可以为人所用，那么就要废寝忘食地去学习，去请教别人，直到能熟练地掌握各种技艺，而且尽量要从自己本身寻找不被任用的原因，加以改正。这就是孔子所说的"吾不试，故艺"。在现实中，许许多多的人虽

学会低调：低调是为人处世的定海神针

才华横溢却沦为平庸，其主要原因就在于心态。工作之中问题丛生，这是不可回避的现实。如果一碰到问题，就想逃避，一遇到困难就自怨自艾，那么你就永远不要奢望什么好的工作成果了。抱持这种消极心态的人，永远都不可能取得任何成就。

当一个人心态消极，对自己的能力不抱期望的时候，就会使解决问题的成功几率大打折扣。改变态度，一切都将迎刃而解。

罗宾大学毕业后，如愿进入当地一家报社任记者。这天，他的上司给他布置了一项大任务——采访大法官布兰代斯。

第一次接到重要任务，罗宾不是欣喜若狂，而是愁眉苦脸。他想：自己任职的报社又不是当地的一流报社，自己也只是一个名不见经传的小记者，大法官布兰代斯肯定不会接受自己的采访。

罗宾思虑再三，决定找个借口推掉这项任务。

上司亚诺德听完他的推脱理由后，并没有批评他，而是拍拍罗宾的肩膀，说："我很了解你现在的感受。让我来打个比方，这就好比躲在阴暗的房子里，想到外面的阳光多么的炽热。其实，最简单有效的方法就是积极地面对，跨出第一步。"

亚诺德拿起桌上的电话，与大法官的秘书接通了电话。然后，他直截了当地道出了他的请求："我是某某报社记者罗宾，我奉命访问法官，不知他今天能否接见我几分钟。"很快，罗宾听到亚诺德的答话："谢谢你，1：15分，我准时到。"瞧，就这么简单，亚诺德掂了掂话筒："明天中午1：15分，你的约会定好了。"

罗宾似有所悟地点点头。

很多时候，"消极的思维"会使困难在想象中放大一百倍，而当你以积极的态度去面对时，就会发现那些问题与困难根本微不足道。总而言之，优秀人士与平庸之辈的差别就在于心态，他们以积极的心态面对自己的工作。

佛里德利·威尔森，曾经是纽约中央铁路公司的总裁。有一次，在接受访问时，被问到如何才能使事业成功，他说："一个优秀的人，不论是在挖土，或者是在经营大公司，他都会认为自己的工作是一项神圣的使命。不论工作条件有多么困难，或需要多么艰难的训练，要始终用积极负责的态度去进行。只要抱着这种态度，任何人都会成功，也一定能达到目的，实现目标。"

以积极的心态面对工作，主动解决工作中遇到的难题，破除达成任务的障碍，是每一位员工应尽的义务和责任，也是晋升卓越的必走之路。不管你所做的工作困难还是容易，你所承担的责任是大是小，你都必须以积极负责的态度去面对，从中找出神圣的使命，尽善尽美地把它做好。

什么事情总是敷衍了事，不精益求精；在工作过程中推诿塞责，划地自封，不思反省；懒散、消极、抱怨、怀疑；以种种借口来遮掩自己的失误，这些都是极不负责任的表现。

敷衍无疑就是一种消极，这种消极甚至比不相信、不勇敢更具杀伤力，因为它直接影响的是一个人的灵魂，它会损害人的责任感，损伤人的敬业意识和诚实精神，而这些正是一个人立于职场，并做出成绩的基础和保障。没有一个人会欣赏一个对工作敷衍了事的人，不管是上司、同事，还是下属。只有转变这种敷衍了事的消极态度，你才能在职场中立足，才能解决不被重视、不受重用、业绩不彰、不被同事支持等一系列问题，才能走上一条光明的职业之路。

米勒很不满意自己的工作，他愤愤地对朋友说："我在公司里的工资是最低的，并且，老板也不把我放在眼里。如果再这样下去，有一天我就辞职不干了。"

"你对公司的贸易情况熟悉吗？对于他们所做的电器贸易的窍门完全弄清了吗？"他的朋友问他。

学会低调：低调是为人处世的定海神针

"没有，我懒得去钻研那些东西。"米勒漫不经心地回答他的朋友。

"我建议你先静下心来，抱着积极的态度，认认真真地对待自己的工作，好好地把他们的贸易技巧、商业文书和公司组织完全搞通，甚至包括签订合同，都弄懂了之后再作决定。这样，你可能会有许多收获。"

米勒听从了朋友的建议，一改往日散漫的习惯，开始积极地投入到工作之中。下班后，还常常在办公室里研究商业文书的写法。

半年后，他和那位朋友又聚到了一起。"你现在大概都学会了，是不是准备拍桌子不干了？"那位朋友问他。

"可是，这几个月来，老板对我刮目相看。最近，更是委以重任，又升职，又加薪，我都快成了公司里的红人了。"米勒对他的朋友说。

"这种情况，我早就料到了，"他的朋友笑着说，"当初你的老板不重视你，是因为你在工作中自由散漫，敷衍了事，又不努力学习。现在，你的工作态度这么积极，担当的任务多了，能力也强了，当然会令他刮目相看了。"

轻视自己的工作也是一种相当可怕的消极心态。当一个人看不起自己的工作时，他就会变得消极散漫、毫无热情，他就会把时间用在抱怨、偷懒和逃避责任上，而不是积极地想办法使自己的工作效率变得更高，解决工作中的难题，从而提高工作质量。无疑这种心态会使他们停滞不前，最终沦为平庸。

事实上，工作本身并没有高低贵贱之分，所有合法的工作都是值得尊敬的。只有尊重自己的工作，才能把工作做好，才能在平凡的岗位中做出不平凡的业绩，才会令别人刮目相看，才会得到别人的尊重。

尊重自己的工作就是尊重我们自己。只有以积极的心态认真地做好自己的工作，才能赢得承担更重要责任的机会。

下面这个真实的小故事很好地证明了这一点。

亨利和阿尔伯特是一所高等学府毕业的大学生。两个人对待平凡工作的不同态度使他们走出了两条完全不同的职业轨迹。

　　两个人毕业时，正值社会经济动荡之时，工作很难找。几经周折，他们获得了一个清洁员的机会。无疑，两个名牌大学金融系毕业的大学生去做清洁员确实有些大材小用，但亨利认为在没有其他机会可供选择的情况下，接受这份工作总比靠社会救济金度日好得多，于是第二天便去公司上了班。阿尔伯特则对这份工作嗤之以鼻，但迫于生计，也决定先"混"上几个月，等社会情况好转了再说。两个人抱着不同的态度进了公司。

　　态度的不同决定了他们不同的工作表现。阿尔伯特整日懒懒散散，只知抱怨，不久就被公司辞退了。而亨利则认真地承担起一个清洁员的职责，每天都把办公走廊、车间、场地打扫得干干净净。

　　半年后，公司安排他到财务部处理一些杂事，他仍然把它完成得很好。又过了一年，社会情况稍有好转，公司业务也得到了进一步提升，他被提拔为财务部经理的助理，协助完成一些金融业务。又过了一年，公司的金融业务大增，公司决定成立新的金融部门，科班出身的亨利顺理成章地成了新部门的经理。新的领域使亨利的才华得以展现，很快他就成了华尔街的红人，公司的金融业务也得到了长足发展。

　　而此时，阿尔伯特仍然靠社会救济金度日。尽管社会状况已经相当好了，但他仍然找不到一个他看得起的工作。尽管他也尝试着去做一些"粗贱、卑劣"的工作，但终因态度消极而被扫地出门。在不断的"失败——找工作——失败"中，毁了他的一生。

　　对任何人来说，如果自己也遇到"不试"的情况，那么：一、不要怨天尤人；二、从自己的德才方面找出差距和存在的问题；三、发个狠心，坚持从自己感兴趣的某个方面深入攻研下去。这样，总能够成才，也一定会被别人理解、赏识，能担当大任的。

　　当我们抱着积极的心态，去面对身边的每一项工作时就会发现，每

学会低调：低调是为人处世的定海神针

一件事情都对自己有着深刻的意义。

　　如果你是一名图书管理员，在整理书籍的过程中，便会感觉到自己每一天都在获取一些知识，取得一定的进步；如果你是一位学校的老师，每天怀着积极的心态，就会从按部就班的教学工作中，感受到园丁浇灌花蕾的快乐。有了这种心态，你在工作的过程中，就会变得很快乐，所有的烦恼都会被抛到九霄云外去。

下篇 学会忍让：
以大胸怀为自己的人生保驾护航

人生中有许多不如意处：不公平者有之；欺人太甚者有之；局势不利、首尾难顾者有之；遭遇小人言行诟病者亦有之。凡此种种情形之下，最具智慧的应对策略不是拔剑而起、奋起力争，而是忍让为先、淡然处之。忍让是一种胸怀，这种胸怀让你平安渡过人生河流中的一个个险滩，顺利到达成功的彼岸。

第七章
做人就是要忍得下气吃得了亏

1. 能 "忍" 也是一种智慧

中国古代的先贤极为推崇 "忍"，视 "忍" 字为最妙，奉 "忍" 为 "众妙之门"；现代化的工业强国日本，也极为重视 "忍"，将 "忍" 作为工业伦理学来研究。"忍" 字为什么会有如此深远的影响，其妙在何处？那就让我们来推开这扇 "众妙之门"，追根溯源，探究一下 "忍" 的本意吧！

以 "忍" 组词，人们可以顺口说出一大串词语，诸如忍耐、忍受、忍让、忍饥挨饿、忍气吞声、忍痛割爱以及忍辱负重等等。但 "忍" 作为人的一种性情、性格和行为方式、处世态度时，人们往往很自然地把它同无能、窝囊、废物、懦夫等联系在一起，久而久之，"忍" 在生活词典里便成为一个被贬责的对象。其实，这完全是一种误解。

"忍" 字在古文字学和古代人生中却是一个褒词。中国第一部字典《说文解字》这样解释 "忍"："忍，能也"。清朝的段玉裁被公认为注解《说文》的天下第一人，他在 "忍" 字注中解释说："贤者称能，而强壮称能杰。凡敢于行曰能，今俗所谓能干也。敢于止亦曰能，今俗所谓能耐也。能耐本一字，俗殊其言。忍之义兼行止，敢于杀人谓之忍，俗所谓忍害也。敢于不杀人亦谓之忍，俗所谓忍耐也。""忍" 字原来并非人们通常认识的那么简单、单纯、消极意义则可解为残忍。一个

162

"忍"字竟会解出反差如此之大的意义来，不可谓不妙。

古人在使用"忍"字时，一般有四义：

一曰忍耐、容忍。

《伦语·八佾》："是可忍也，孰不可忍也？"也就是说连这也能忍，那么还有什么不能容忍的呢？

二曰堪、忍受。

张衡《东京赋》："百姓不能忍。"李善注："忍，堪也。"说白了，就是不堪忍受，无法忍受。

三曰克制、抑制。

《荀子·儒效》："志忍私，然后能公；行忍情性、然后能修。"大意是从主观意志上克制私欲、然后才能为公；在行为上抑制住性情，这才能够修好。

四曰残忍。

《新书·道术》："恻隐怜人谓之慈，反慈为忍。"也就是说有恻隐之心；怜悯之意是慈善，反之则是残忍。

在古书中，由"忍"组成的多义词，以表前之义为多。其中既有对忍字的解释，也是阐释了忍功。

忍性：就是克制性情。《孟子·告子下》曰："所以动心忍性，曾益其所不能。"《庄子·列御冠》曰："忍性以视民，而不知不信。"

忍事：就是以忍耐态度处事。《避暑余话》上说："灰心缘忍事，霜发为论兵。"

忍垢：也就是忍恶。《庄子·让王》曰："强力忍垢"，也就是说对恶人垢语要有坚强的毅力去忍受。

忍辱：一作忍受耻辱讲；二是佛家话。指忍受各种非常的侮辱、恼害、而心不记恨。

忍辱铠：佛家语。也就是袈裟的别称。袈裟能遮防红尘，诤慢诋辱，因而称为"忍辱铠"，又称"忍辱衣"。《法华经·劝持品》曰："我等敬信佛，当着忍辱铠。"忍土：佛家语。指婆娑世界。婆娑是梵语，义译为忍，又译为堪忍世界。佛家用之指众生安于忍受多种苦恼，不肯出离这世界，所以称为忍土。用今人话说：抵住一切诱惑。

忍水：佛家语。忍辱之功德，如海水之深广也。《大集经·四十五》曰："忍辱如大地，忍水常盈满。"可见，能忍功德无量，胸怀博大，什么都能容得下。

上述七忍，有四忍都是佛家语。这又道出忍字之妙，达到一种神妙之境。我们从这七招忍功中似乎可以看到一个身怀忍功的圣徒，以其博大如海的胸襟，百折不挠的韧劲，超凡脱俗的心性面对现实、摒弃一切私欲，容天下难容之人，忍常人难忍之事，伟岸挺拔。那不是神仙，却是我们大家。当你确认忍的本意，懂得了忍的价值，你就可以做到忍苦耐劳，忍饥挨饿、忍气吞声、忍辱负重，最终便会成为一个有大作为的人，有心智的人，能抵御一切邪恶势力的人，一个真人。

忍是一种力量，忍是一种智慧，忍是一种担当。能忍才能化除一切问题。忍，不是怯懦，忍是勇敢。忍者是一种牺牲，是一种奉献，是一种大智慧，大力量，大勇敢。忍，不是说你骂我，我不敢回口；你打我，我也不敢回手，那是懦弱、怯弱。甚至于你是一个坏人，我给你一拳，我会有因果，我会有责任，我愿意负责。这就是忍。

2. 好汉宁吃眼前亏

好汉要吃眼前亏的目的是为了留得青山，要以吃眼前亏来换取其他的利益，如果因为不吃眼前亏而蒙受巨大的损失或灾难，甚至把命都弄丢了，那还有什么意义呢？

可以假设这样一个情况：你开车和别的车擦撞，对方只是"小伤"，甚至可以说根本不算伤，可是对方车上下来四个彪形大汉，个个横眉竖目，围住你索赔，眼看四周荒僻，也无公用电话，更不可能有人对你伸出援助之手后。请问，你要不要吃"赔钱了事"这个亏呢？

当然也可以不吃，如果你能"说"退他们，或是能"打"退他们，而且自己不会受伤；如果你不能说又不能打，那么看来也只有"赔钱了事"了。因为，"赔钱"就是"眼前亏"，你若不吃，换来的可能是更大的损失。

所以说："好汉要吃眼前亏"，因为"眼前亏"不吃，可能要吃更大的亏。当一个人实力微弱、处境困难的时候，也就是最容易受到打击和欺侮的时候。在这种情况下，人们的抗争力最差，如果能避开大劫也算很幸运了。假如此时面对他人过分的"待遇"，最好是"退一步海阔天空"，先吃一下眼前亏，立足于"留得青山在，不怕没柴烧"，用"卧薪尝胆，待机而动"作为忍耐与发奋的动力。

当然，这里我们所说的吃眼前亏，应把握好以下行为界限：其一，目的应该是为了渡过难关，克服别人给你制造的麻烦，以免影响你的正事；其二，这种信念所针对的麻烦应是对抗性的矛盾和冲突，而不是那些鸡毛蒜皮的小事；其三，着眼于远大目标，致力于成就大事，而不能采取卑鄙的报复行为；第四，这种信念的价值就在于以暂时之吃亏换取长久的利益。

汉初名将韩信年轻时家境贫穷，他本人既不会溜须拍马，做官从政，又不会投机取巧，买卖经商。整天只顾研读兵书，最后，连一天两顿饭也没有着落，他只好背上祖传宝剑，沿街讨饭。

有个财大气粗的屠夫看不起韩信这副寒酸迂腐的书生相，故意当众奚落他说："你虽然长得人高马大，又好佩刀带剑，但不过是个胆小鬼罢了。你要是不怕死，就一剑捅了我；要是怕死，就从我裤裆底下钻过去。"说罢双腿叉开，摆好姿势。

众人一哄围上，想看韩信的笑话。韩信认真地打量着屠夫，竟然弯腰趴在地上，从屠夫裤裆下面钻了过去。街上的人顿时哄然大笑，都说韩信是个胆小鬼。韩信忍气吞声，闭门苦读。几年后，各地爆发反抗秦王朝统治的大起义，韩信闻风而起，仗剑从军。

韩信忍胯下之辱而图盖世功业，成为千秋佳话。假如，他当初为争一时之气，一剑刺死羞辱他的屠夫，按照法律处置，则无异于以盖世将才之命抵偿无知狂徒之身。韩信深明此理，宁愿忍辱负重，也不愿争一时之短长而毁弃自己长远的前程。

这样的忍耐，不是屈服，而是退让中另谋进取；不是逆来顺受、甘为人奴，而是委小屈求大全。一旦时机到了，就能如同水底潜龙冲腾而起，施展才干，创建功业。所以说，吃"眼前亏"是为了不吃更大的亏，是为了获得更长远的利益和更高的目标。"忍人所不能忍，方能为人所不能为。"看似英勇、心气冲天的人其实是莽夫一个；而忍气吞声、宁吃眼前亏的人才是真正的好汉。

3. 既要会忍又要会挺

欲成大事者必须能屈能伸。当然，屈伸之度必须由自己把握好，什么时候"屈"，什么时候"伸"，这里面大有学问。一味隐忍不知勃发、不求翻身出头反而滑进无底的深渊，那样，心高气不傲这种功夫就算白练了，这条通往成功的途径也算是荒废了。所以，何时勃然而发，以期达到"心高"的那个"高度"，也是一个十分重要的问题。

在中世纪的欧洲，教皇是基督教会的首脑。那时候，由于各个王国内封建主割据林立、连年混战，造成王权衰弱，局势混乱，这时只有罗

马教皇可以统一指挥各国、各地区的教会，加上各民族又都信仰基督教，因此教会在群众中影响很大，这就使得罗马教廷成了凌驾于各国之上的政治实体，国王登位、加冕要由教皇来主持；和国王同行时，教皇骑马，国王只能步行；接见的时候，教皇坐着，国王要屈膝敬礼。神权高于王权。

不仅如此，教会还在各个国家拥有三分之一的土地，并且向各国居民收取"什一税"，一个人从出生、成年、结婚一直到老死，处处都要受教会的管理和控制，教会拥有自己的监狱和刑法，还用"开除出教"的办法来对付一切反抗者。这是一种最令人胆战的惩罚，连国王、皇帝也不例外。

1076 年，德意志神圣罗马帝国皇帝亨利与教皇格里高利争权夺利，斗争日益激烈，发展到了势不两立的地步。亨利想摆脱罗马教廷的控制，教皇则想把亨利所有的自主权都剥夺殆尽。

在矛盾激烈的关头，亨利首先发难，召集德国境内各教区的主教们开了一个宗教会议，宣布废除格里高利的教皇职位。而格里高利则针锋相对，在罗马的拉特兰诺宫召开了一个全基督教会的会议，宣布驱逐亨利出教，不仅要德国人反对亨利，也在其他国家掀起了反亨利的浪潮。

教皇的号召力非常之大，一时间德国内外反亨利力量声势震天，特别是德国国境内的大大小小的封建主都兴兵造反，向亨利的王位发起了挑战。

亨利面对危局，被迫妥协，于 1077 年 1 月身穿破衣，只带着两个随从，骑着毛驴，冒着严寒，翻山越岭，千里迢迢前往罗马，向教皇认罪忏悔。

但格里高利故意不予理睬，在亨利到达之前躲到了远离罗马的卡诺莎行宫。亨利没有办法，只好又前往卡诺莎去拜见教皇。

到了卡诺莎后，教皇紧闭城堡大门，不让亨利进来。为了保住皇帝

学会忍让：以大胸怀为自己的人生保驾护航

宝座，亨利忍辱跪在城堡门前求饶。

当时大雪纷纷，天寒地冻，身为帝王之尊的亨利屈膝脱帽，一直在雪地上跪了三天三夜，教皇才开门相迎，饶恕了他。

亨利恢复了教籍，保住王位返回德国后，集中精力整治内部，然后派兵把封建主逐个击破，并剥夺了他们的爵位和封邑，把曾一度危及他王位的内部反抗势力逐一消灭。在阵脚稳固之后，他立即发兵进攻罗马，以报跪求之辱。在亨利的强兵面前，格里高利弃城逃跑，最后客死他乡。

显然，亨利的"卡诺莎之行"是别有用心的。在他与教皇对峙，国内外反对声一片，特别是内部群雄并起，王位岌岌可危的情况下，他能不惜受辱取得暂时的和解，以便重整旗鼓，东山再起，再和教皇较量赢得喘息时间。结果，他胜利了。

古今中外的隐忍皆有勃发成功的目的，但更明显的共同之处是成熟时机的到来。时机不成熟就贸然行动，不但会使隐忍的功夫和成果毁于一旦，更会使规划好的宏图大业的目的暴露于敌人的火力之下。弄到这种地步，不但永远"高"不上去了，连"心"也会被彻底摧毁。所以，不但"心高不气傲"是一种策略，而且连这一策略的使用也需要策略。

4. 能忍则能安

能够忍辱体现了一个人的涵养。它包括：耐怨害忍，是对于冤家仇人的种种无理非难，能够忍受；安受苦忍，是个人修行及度化过程所存在的种种恶劣条件，如身体病弱，天气冷热，衣食不具等，都能泰然处之；谛察法忍，是对与我们认识悬殊的真理，能认同接受。忍能使我们消除愤怒，一个人倘若充满憎恨心，缺乏忍的涵养，才会产生愤怒；具备忍的涵养，就不会有愤怒了，对于别人的伤害你能心平气和，和颜相向，就很难树立怨仇，因而忍的涵养又能使彼此和谐，内心安详。

即使自己智慧圆融，更应含蓄谦虚，像稻穗一样，米粒愈饱满垂得愈低。真正的智慧人生，必定有诚意谦虚的态度；有智慧才能分辨善恶邪正，有谦虚才能建立美满人生。

修行最主要的目标即是无我。因为你能缩小自己、放大心胸、包容一切、尊重别人，别人也一定会来尊重你，接受你。唯其尊重自己的人，才更勇于缩小自己。缩小自己，要能缩到对方的眼睛里，耳朵里。既不伤害他，又要能嵌在对方的心头上。

一粒细沙就扎到脚，一颗小石子就扎到心，面对事情当然就担当不下去。不能低头的人是因为一再回顾过去的成就。看淡自己是般若，看重自己是执著。

众生有烦恼，是因为我执的关系。以"我"的自私心理为中心，以自我为大，不但使自己痛苦，也影响周围的人群跟着争执痛苦。忘我，才能于修身养性中，造就身心的健康以及幸福的人生观。

爱是人间的一份力量，但是只有爱还不够，必须还要有个"忍"——忍辱、忍让、忍耐，能忍则能安。

要做个受人欢迎的人，做个被爱的人，就必须先照顾好自我的声和色。面容动作、言谈举止，都是在日常生活中修养忍辱得来的。

有钱也苦，没钱也苦，闲也苦，忙也苦，世间有哪个人不苦呢？说苦是因为不能堪忍！愈是不能忍的人，愈是痛苦。娑婆世界又译成堪忍世界，意即要堪得起忍耐，才有办法在世间生存得更自在。忍不是最高的境界，能够达到看开忍，则会觉得一切逆境都是很自然的事。

做事，一定要秉持着"正"与"诚"的原则；而待人，则要以"宽"与"忍"的态度。要以超然的形态、宽大的心胸来容纳任何人。真正的圣人，既强又柔。他的强是柔中带刚，刚中带柔，柔能调服众

生，刚能坚强己志。

争，只能"为善竞争"、"与时日竞争"，一旦它的对象从自我投射到别人身上的时候，它就成为一个很不安的事，一件很痛苦的事了。

竞争孕育了伤害的因子。只要有竞争，就有上下之别、前后之分、得失之念、取舍之难，世事也就不得安宁了。不争的人才能看清事实。争了就乱了，乱了就犯了，犯了就败了。要知道，普天之下，并没有一个真正的赢家。人们往往就是太执著，而有分别心。是你，是我，划分得清清楚楚，以致我爱的拼命去求、去争、去嫉妒，心胸狭窄，处处都是障碍。一般人常言：要争这一口气。其实真正有修养的人，是把这口气咽下去。培养好自己的气质，不要争面子；争来的是假的，养来的才是真的。

人，大多数有名利之心，与人争，与事争。如果能与人无争则人安，与世无争则事安；人、事皆无争，则世界亦安。能"忍"则无往不利，无事不成。人能"忍"则是非不生；出世之事业能永垂不朽，亦源自一字"忍"。

5. 忍中有气量，也有力量

中国哲学中，关于刚强与柔弱的辩证关系是讨论颇多的。所谓以柔克刚、以弱胜强，实是深知事物转换之理的极高智慧。

老子曾说："知其雄，守其雌，为天下。"意思是，知道什么是刚强，却安于柔弱的地位，如此，才能常立于不败之地。应该说，老子的这种哲学对中国的为政者也影响匪浅。

在中国人看来，忍让绝非怯懦，能忍人所不能忍，才是最刚强的。天下之人莫不贪强，而纯刚纯强往往会招致损伤。

忍耐并非软弱，它显示着一种力量，是内心充实，无所畏惧的表现。古人说："君子之所以取远者，则必有所持。所就者大，则必有所忍。"忍是一种强者的心态，更是一个人的修养。在现实生活中，大凡有真本领者都善于忍耐，忍耐是为了给自己留有余地，而有了余地才能掌控住大局。

陆游说："小忍便无事，力行方有功。"它说明了忍在人生行事过程中的必要性。

早在元朝，便有两位饱学之士许名奎、吴亮专门编纂了《劝忍百箴》和《忍经》传给后人。

清朝道光二十六年（1847年），出版了《忍字辑略》。这本书中说："金入火生光，草入火生烟，苦难也。此言耐苦犹耐火也。善忍者成如金，炼去心渣益明，不善忍者反是，怒气所熏，无不染也。"又说："古圣贤豪杰所以立大德而树立业者，莫不成于忍，而败于不能忍。"

自古以来，人们对忍已有许多阐释，吴亮的《忍经》影响了一代又一代的后人。但是，时代在前进，社会在发展，人们关于"忍"的思想也在不断地丰富。

具体说到忍的内涵，也是多方面的。

首先，具有一种超凡脱俗的精神境界。而表现出来的克制人性中的卑劣行为和欲望的思想。

其次，为了实现崇高的目标，而表现出的高度自我牺牲精神。

再次，为了某种利益的获取而主动退让。

最后，为了达到某种目的在特定人物身上表现为计谋的运用。

忍是一种强者才具有的精神品质。那些表面上盛气凌人、气势汹汹、不可一世的人，内心实际上是空虚软弱的。忍，有时看似是吃了亏，其实一个人敢于吃亏，不去占眼前的便宜，大多是因为有更高的境界和更高的追求；而那种事事处处都想占别人便宜、不愿吃亏的人，到头来往往只能收获些蝇头小利，从大处看则反而吃了大亏。

在现实生活中，我们常常遇到这样一种情况，它可能是一种平白无故的批评，也可能是一种莫名其妙的指责；它可能来自于同事和朋友们的误解，也可能是出于某些不安好心的人的唆使和阴谋。在这种情况下，如果我们不明察事理，立刻进行反击，则很容易把事情弄糟，甚至是把好事办成坏事，而"忍"则有助于帮助我们去处理好这些问题。

"忍"是一种做人智慧，即使是强者，在问题无法通过积极的方式解决时，也应该采取暂时忍耐的方式处理，这可以避免时间、精力等"资源"的继续投入。在胜利不可得，而资源消耗殆尽时，忍耐可以立即停止消耗，使自己有喘息、休整的机会。也许你会认为强者不需要忍耐，因为他资源丰富而不怕消耗。理论上是这样，但实际问题是，当弱者以飞蛾扑火之势咬住你时，强者纵然得胜，也是损失不小的"惨胜"。所以，强者在某些状况下也需要忍耐。可以借忍耐的和平时期，来改变对其不利的因素。

"忍"有时候会被认为是屈服、软弱的投降动作，但若从长远来看，"忍"其实是低调务实、通权达变的智慧，凡是智者，都懂得在恰当时机忍耐，毕竟人生存靠的是理性，而不是意气。忍耐常有附带条件，如果你是弱者，并且主动提出忍耐，那么虽然可能要付出相当的代价，但却可以换得"存在"的空间和余地；"存在"是一切的根本，没有"存在"，就没有明天，没有未来。也许这种附带条件的忍耐对你不公平，让你感到屈辱，但用屈辱换得存在，换得希望，显然也是值得的。

战国时代，三家分晋是段有名的历史。当时晋国最有势力的大夫实际有四家，最强大的是智伯瑶。他想独吞晋国，常显得非常跋扈。当时，赵襄子刚继父位，立足未稳，在宴请智伯瑶时，智伯瑶当着其手下的面打了赵襄子，赵襄子隐忍不发。但后来当智伯瑶胁逼三家大夫供奉于他时，赵襄子却首先反对，在使智伯瑶的野心暴露之后，联合其他两家大夫，灭掉了智伯瑶。

这故事说明智伯瑶的纯刚招致了失败，而赵襄子的忍耐却奠定了取胜的基础。对于领导者，为了长远的利益，为了时势，情理的转换，必要的退让忍耐不是坏事。以退为进，常常屡用屡胜。优秀的人，只有不计较一时的得失，对细微敏感的小事隐忍不计，不怨不怒，不躁不忧，方能成就大事业。

汉代的张良，曾被高祖刘邦称道。他赞誉张良："运筹帷幄之中"，却能"决胜千里之外"。但在张良年轻时，曾有这样的故事：

一次，他漫游在一座桥上，见到一位穿褐衣的老翁。那老翁见张良走近故意将鞋坠落桥下，然后，叫张良去捡。张良虽有些怨气，却没有发作，老老实实地下去捡起鞋子。

老翁非但没有感谢，反叫张良给他穿上，张良知道他是故意刁难，但又忍了，跪着给老翁穿上鞋子。老翁看也没看张良，哈哈大笑，扬长而去。

张良恼怒是必然的，但望望背影，也只是摇头而已。谁知老翁又折回来了，说："小子可教啊！五天后黎明在此等我。"

最后张良得到老翁传授予他的兵书。正是依此兵法，使得张良学有所成，帮助刘邦成就了霸业。

张良之可教，在于其有温厚、富于忍让的气度的优良品质；老翁之实是考验了他为政的必备之德。如若张良若换一种态度，这故事将会改写，而张良最终也不过是只会从事暗杀的韩国贵族后裔而已。

6. 懂得屈伸之道

《周易》中有这样一句话："往者屈也，来者信也，屈信相感而利生焉。尺蠖之屈，求信也。龙蛇之蛰，以存身也。"做尺蠖的好处在于：不为人注意，避免遭到攻击，可以赢得发展时间和空间，不至于被强手消灭于萌芽状态；这种积累式的跬步发展，其实速度很快。等对手注意到了，你的拳头也该伸到他的下颌了；尺蠖具有强大的适应能力，它的移动是随遇而安的，跌倒了再来。做尺蠖一样的人的基本要求就是能过苦日子。正像任正非所说的靠一点白菜、南瓜过日子是否可行，才是检验企业真正动力的砝码。

古来成大事者必是能屈能伸的伟丈夫。人生处世有两种境界：一是逆境，二是顺境。在逆境中，困难和压力逼迫身心，这时节应懂得一个"屈"字，委曲求全，保存实力，以等待转机的降临。在顺境中，幸运和环境皆有利于我，这时节当懂得一个"伸"字，乘风万里，扶摇直上，以顺势应时更上一层楼。

何谓屈？何谓伸？何谓能屈能伸？屈，是一种难得的糊涂，一种"水往低处流"的谦逊；"屈"，是在困境中求存的"耐"，在负辱中抗争的"忍"，在名利纷争中的恕，在与世无争中的"和"。"伸"，是以退为进的谋略，以柔克刚的内功，以弱胜强的气概；伸是无可无不可的两便思维，是有也不多，无也不少的自如心态。

俗语说得好：小不忍则乱大谋。忍一时风平浪静，让一步海阔天空。

而从做人上讲，能屈能伸就是有刚有柔。人太刚强，遇事就会不顾后果，迎难而上，这样的人容易遭受挫折，人生苦短，能忍受几多挫折？人太柔弱，遇事就会优柔寡断，坐失良机，这样的人很难成就大事，一味软弱，终究是扶不起的阿斗。做人就要刚柔并济，能刚能柔，能屈能伸，当刚则刚，当柔则柔，屈伸有度。

刚强对一个人来讲很重要，是人身上最可贵的品质，但刚强也有限度，有了困难和挫折宁折不弯是对的，但却不可不问原因一味的刚强到底，要知道刚强者不能持久。况且刚强的人都是心劲足、血性大的，遇到困难耗尽心血，硬撑死撑，直到精血耗尽，无可再撑，一旦折服很难再有重新站起的机会。

柔弱却可得长久，柔者有包容力，海纳百川，就是靠刚柔并蓄的力量吞吐含纳。但是如果一味柔弱，就会遭到欺凌。俗话常讲，一个人要是没刚没火，便不知其可。就是说一个人要是只会软弱，不懂刚强，那么什么事情也做不成。无志空活百岁，柔弱纵能长久，也是白白消耗岁月。

大丈夫不应徒争眼前的得失或贪图一己的物欲，抢出一时的风头——那是匹夫之勇，是不知天高地厚的无知。逞雄才于一隅，作威福于一方，显得意于外表，是那种先做老子后做儿子的狂妄。

要想成就一番大事业就得忍受常人所不能忍受的耻辱。历史将赋予你重大的任务，你就要做好吃苦受辱的准备，那不仅是命运对你的考验，也是自己对自己的验证。面对耻辱，要冷静地思考，如接受，会不会出现生命的劫难，会不会从此一蹶不振永难再起？如果真存在这种情况，那么就要三思而后行，而不是鲁莽的凭自己的一时意气用事。因为人在遭遇困难和耻辱的时候，如果自己的力量不足以与彼方抗衡，那么最重要的是保存实力，而不是拿自己的命运作赌注，做无所谓的争取。一时意气是莽夫的行为，绝不是成就大事业的人的作为。

能屈能伸，"屈"是暂时的，暂时的忍辱负重是为了长久的事业和理想。不能忍一时之屈，就不能使壮志得以实现，使抱负得以施展。

"屈"是"伸"的准备和积蓄的阶段，就像运动员跳远一样，屈腿是为了积蓄力量，把全身的力量凝聚到发力点上，然后将身跃起，在空中舒展身体以达到最远的目标。

"先天下之忧而忧，后天下之乐而乐"这种为人处世之态，才是我们修养品德和心性的准则。

狭路相逢，要留一点余地给他人行走，羊肠小道上两个人通过，如争先恐后，两人都有坠入深渊的危险，与其相争不如相让，或许这样既能迅速地而又不伤和气地达到我们想要到达的目的。为人处世难免有过错，责备他人的过错不可太严厉，要考虑对方能否承受得住，能否接受你的批评；教诲别人的同时不可期望太高，要顾及他的能力是否能达到你的要求或做得到，不要把自己的意愿强加在他人身上，因为手有长短，人必有差距之分。

反过来说做人还需保持一份受辱的心态，当受到他人侮辱时也不要急于怒形于色，一个人有宁可吃亏、忍辱，息事宁人的胸襟，在人生的旅途中自会觉得妙处无穷，对自己的前程也必将是受用不尽。

在现今的社会中，我们更要学会一种心态，为人处世遇事有退让一步的态度方为高明，因为让一步就等于为日后进一步做准备，待人接物以宽厚的心境为快乐，因为给人家方便也就是为自己以后留下方便之门。

大丈夫根据时势，需要屈时就屈，需要伸时就伸，可以屈时就屈，可以伸时就伸。屈于应当屈的时候，是智慧；伸于应当伸的时候，也是智慧。屈是保存力量，伸是光大力量；屈是隐匿自我，伸是高扬自我；屈是生之低谷，伸是生之巅峰。随时势能屈能伸，柔顺如同薄席，可卷可张，这不是出于胆小怕事；刚强、勇敢而又坚毅，从不屈服于人，这也是出于骄傲暴戾。

大丈夫有起有伏，能屈能伸。起，就起他个直上云霄；伏，就伏他个如龙在渊；屈，就屈他个不露痕迹；伸，就伸他个清澈见底。这是多么奇妙、痛快、潇洒的情境。

7. 忍一时风平浪静，退一步海阔天空

许多人都会在自觉与不自觉之间都信奉着一个字——"忍"，虽然信奉"忍"字的人很多，然而真正了解它内涵的却少之又少。许多人将一幅幅的"忍"字字画悬挂于客厅、卧室、钥匙扣……之上，然而他们就像"叶公好龙"一般，喜欢的不是真"忍"，而是书画上的假"忍"。

忍辱是制怒的一部分，在面对一些无理取闹之人的讽刺与侮辱，能够释放于心外，才能制怒。

要知道，如果我们欲成就一番事业，就应该时刻注意学会制怒，不能让浮躁愤怒左右我们的情绪。在生活中我们经常看见很多人为了一点很小的事情而怒容满面，甚至与其他人大打出手，这是欲成大事者的大忌。我们每个人都避免不了动怒，愤怒情绪是人生的一大误区，是一种心理病毒。克制愤怒是人生的必修课，那些怒火横冲直撞而不加抑制的人是难成大器的。

我们分析一下明朝几经沉浮官员李三才的失败的根源，就不难发现这点。

明神宗时曾官至户部尚书的李三才可以说是一位好官，为什么这么说呢？当时他曾经极力主张罢除天下矿税，减轻民众负担；而且疾恶如仇，不愿与那些贪官同流合污、甚至不愿与与那些人为伍。但是他在"忍"上的造诣却太差。

有次上朝，他居然对明神宗说："皇上爱财，也该让老百姓得到温

学会忍让：以大胸怀为自己的人生保驾护航

饱。皇上为了私利而盘剥百姓，有害国家之本，这样做是不行的。"李三才毫不掩饰自己的愤怒，说话不客气的行为激怒了明神宗，他也因此被罢了官。

后来李三才东山再起，有许多朋友都担心他的处境，于是劝他说："你嫉恶如仇，恨不得把奸人铲除，也不能喜怒挂在脸上，让人一看便知啊。和小人对抗不能只凭愤怒，你应该巧妙行事。"李三才则不以为然，反而认为那样做是可耻的，他说："我就是这样，和小人没有必要和和气气的。小人都是欺软怕硬的家伙，要让他们知道我的厉害。"没过多久，李三才又被罢了官。

回到老家后，李三才的麻烦还是不断。朝中奸臣担心他再被重新起用，于是继续攻击他，想把他彻底搞臭。御史刘光复诬陷他盗窃皇木，营建私宅，还一口咬定李三才勾结朝官，任用私人，应该严加治罪。李三才愤怒异常，不停地写奏书为自己辩护，揭露奸臣们的阴谋。

他对皇上也有了怨气，居然毫不掩饰愤怒情绪，对皇上说："我这个人是忠是奸，皇上应该知道的。皇上不能只听谗言。如果是这样，皇上就对我有失公平了，而得意的是奸贼。"

最后，明神宗再也受不了他了，便下旨夺去了先前给他的一切封赏，并严词责问他，于是李三才彻底失败了。

古人常说"喜形不露于色"，而李三才却不明白此点，不分场合、不分对象随意发怒，自然只能面对失败的后果了。

"忍"的内涵除了制怒，还有一点就是戒嚣张。嚣张是由傲气引起的，因此戒嚣张的根源就在戒除傲气上——戒除了傲气就戒除了嚣张。

有一个傲气十足的富商腆着个大肚子来到寺院，站在财神面前说："你有什么？还不是依靠我的供品，你才能活下去？"

禅师听到后很生气，就把富商带到窗前说："向外看，告诉我，你看到了什么？"

"看到了许多人。"富商说。

禅师又把他带到一面镜子前，问道："你看到了什么？"

"只看见我自己。"富商回答。

禅师说："玻璃镜和玻璃窗的区别只在于那一层薄薄的银子，这一点点可怜的银子，就叫有的人只看见他自己，而看不见别人了。"

富商面带愧色地离去。

"虚心使人进步，骄傲使人落后"的道理世人皆知，因此我们唯有谦逊己身，才能让人进步。"忍"虽然博大精深，但只要做到制怒与戒嚣张，便不难领悟其中的真谛。

"事临头，三思为妙，一忍最高。"我们应当提高自己控制浮躁情绪的能力、时时提醒自己，有意识地控制自己情绪的波动。千万不要动不动就指责别人，喜怒无常。要改掉这些坏毛病，努力使自己成为一个容易接受别人和被人接受，性格随和的人。只有这样才能成大事。

8. 受辱之时，要勇于忍

"小不忍则乱大谋"，这句话在民间极为流行，甚至成为一些人用以告诫自己的座右铭。的确，这句话包含有智慧的因素，有志向、有理想的人，不会斤斤计较个人得失，更不应在小事上纠缠不清，而应有广阔的胸襟，远大的抱负。只有如此，才能成就大事，从而达到自己的目标。

"小不忍则乱大谋"，很有些阴谋哲学的味道，其核心就是一个"忍"字。所谓"忍字头上一把刀，遇事能忍祸自消"，所谓"忍得一时之气，免却百日之忧"。

那么，到底要忍什么？

苏轼在《留侯论》中说："忍小忿而就大谋。"这是忍匹夫之勇，

学会忍让：以大胸怀为自己的人生保驾护航

以免莽撞闯祸而败坏大事。

忍小利而图大业。这是"毋见小利。见小利，则大事不成。"

忍辱负重。勾践忍不得会稽之耻，怎能卧薪尝胆，兴越灭吴？韩信受不得胯下之辱，哪能做得了淮阴侯？

因此，在中国传统的观念里，忍耐也是一种美德。这一观点尽管与现代这种竞争社会不合拍，但是，很多学者已经发现，中国传统文化里有些东西并没有过时，相反，其中的学问博大精深，如果运用于现代人的生活，必将使人们受益匪浅。其中，忍耐就大有学问，忍耐包括很多种。当与人发生矛盾的时候，忍耐可以化干戈为玉帛，这种忍耐无疑是一种大智慧。

人生不可能总是风调雨顺，当遇到不如意、不痛快，甚至是灾难时，一个人的忍耐力往往就能发挥出奇制胜的作用。很多时候，因为小地方忍不住，而害了大事，这是得不偿失的。

三国时，诸葛亮辅佐刘备在祁山攻打司马懿，可司马懿就是不出来应战。诸葛亮用尽了一切手段，极尽所能地侮辱司马懿，但司马懿对诸葛亮的侮辱总是置之不理。总之，司马懿就是不出来与诸葛亮交锋。等到诸葛亮的粮食吃完了，不得不退兵回蜀国，战争就这样结束了。诸葛亮六次出兵祁山，每次都是无功而返。司马懿之所以不战而胜，就是因为一个"忍"字。

与别人发生误会时的忍耐，那只是一时的容忍，比较容易做到。难得的是在漫长时间里，忍受着各种各样的折磨，而只为完成心中的理想。这种忍耐力是难能可贵的，但也是做人最应该拥有的一种能力。

人们常说，忍字头上一把刀。这把刀，让你痛，也会让你痛定思痛；这把刀，可以削平你的锐气，也可以雕琢出你的勇气。小不忍则乱大谋。只要我们仍然身处在种种算计和争斗里，有些纷扰就永远不会结束。

有人说，忍耐就是一种妥协。其实，妥协不是简单地让步，而是在知己知彼的基础上达成了一种共识。不管是生活，还是工作，妥协都不仅仅是为了"家和万事兴"、"安定团结"，并且还隐藏着一种坚持，这种坚持实际上就是一种坚定的决心。

大庭广众之中，众目睽睽之下，如果互相谩骂攻击，不仅有伤风化，使你斯文扫地，还破坏了社会的文明形象。当然，有时要做到忍，也的确不易。虽然忍耐是让人痛苦的，但最后的结果却是甜蜜的。因此，遇事要冷静，要先考虑一下后果，本着息事宁人的态度去化解矛盾，我们就不至于为了一些鸡毛蒜皮的小事而纠缠不清，更不会使矛盾升级扩大。

人，贵在能屈能伸。伸，很容易，但屈就很难了，这需要有非凡的忍耐力才行。只要这个人真正有智慧，有才干，不管他忍耐多久，终究会有出头之日，而且这种忍耐力反而会使他更加富有魅力和内涵。人生很多时候都需要忍耐，忍耐误解，忍耐寂寞，忍耐贫穷，忍耐失败。持久的忍耐力体现着一个人能屈能伸的胸怀。人生总有低谷，有巅峰。只有那些在低谷中还能坦然处之的人，才是真正有智慧的人。走过低谷，前面就是海阔天空。回过头来，那些在低谷里忍耐的日子，那些在苦难中挣扎的日子，那些在寂寞里执著的日子，反而会显得弥足珍贵。

忍耐，这是一种宝贵的人生财富！

大凡有人的地方，就会有矛盾。世界这么小，你不碰我，我还会碰你，关键是如何看待，如何处理。得饶人处且饶人，相逢一笑泯恩仇。一张笑脸，一句诚恳的道歉，就能化干戈为玉帛，冰释前嫌，何必为区区小事而斤斤计较、耿耿于怀呢？

没用爬不过去的山，也没用蹚不过去的河。忍一时的委屈，可以保全大家的宁静、和谐，并不损失什么，反而还会赢得一个更为宽阔的心灵空间。何乐而不为呢？

学会忍让：以大胸怀为自己的人生保驾护航

9. 凡事能忍是一生幸福的源泉

有的人，尚未起床，就开始为这一天发愁；有的人，刚干些事，就想着尽快结束这一天；有的人，未过午，就已经坠入夜幕之中；有的人，三更已过，还为这恼人的一天辗转……在这些人那里，日子是敌人，日子是泥坑，日子是愁山，日子是恨谷……

700年前，一位名闻四方的女尼却讲了这样一件事情：

在一个月朗气清的圆月之夜，云门文偃禅师对众僧说："十五以前的事情莫问，十五以后的事情，大家却说一句试试看。"

不等别人开言，文偃禅师便说："天天都是好日子。"（"日日是好日。"）她深有感触地说："'天天都是好日子'，这一句话把佛法和世间法都说尽了。没有必要去刻意地寻求幽邃玄奥的意义，只管每天吃饱两顿饭就行了。"

天天都是好日子，这是一种积极的人生态度，是一种开朗的生活方式，是一种健康的人格心理。有了这种心态，还有什么不能忍耐？

唐太宗贞观二年，河内有个叫李好德的有心病，经常乱讲一些妖言，皇帝下令大理相张蕴古去察访此事。张蕴古回奏说李好德确实是有心病，而且有检验结果，不应当坐牢。

治书权弹劾张蕴古，因为他是相州人。而李好德的哥哥李厚德是相州刺史，所以张蕴古是讨好顺从李好德的哥哥，以至考察结果不符合实际。皇帝大怒，把张蕴古在街上斩了。后来此事让魏征去处理，皇帝暗地里很后悔。因为万纪等人都有罪，按照诏令从今以后都得处死，虽然命令里已经做了决定，仍然还复审了三次，这才施刑。

在本年，唐太宗因为瀛洲史卢祖尚文武双全、清廉公正，征诏他进

朝廷，告诉他"交趾久久没有适当的人去管理，现在需要你去镇守安抚"。卢祖尚拜谢出来后，不久就感到后悔，于是托病推辞，皇上派杜如晦等人宣读诏书，卢祖尚坚决推辞。皇上大怒说："我派人都派不出，那还怎么处理政务？"要下令在朝廷上把他杀了，不久又觉后悔。又一天，魏征对他说："齐文宣帝要任青州长史姚恺为光州刺史，姚恺不肯去，文宣帝气愤地责备他，他回答说：'我先任大州的官，只有功劳没有罪过，现在却让我任小州的官，因此我不去。'文宣帝就饶了他的罪。"唐太宗说："卢祖尚虽然没有尽一个做臣子的道义，我要是杀他也是太残暴了。由此看来，我不如齐文宣帝了。"马上命令恢复了卢祖尚的官职。

"狂犬吠影"这个成语出自《说法经》中的一则"吠犬投井"的寓言：

有那么一只狗，在井边汪汪地叫。它一低头，看到井里也有一只狗汪汪地叫，瞪着好大的眼睛，全身的毛都耸立起来，一副怒不可遏的样子。

井边的狗以为井里的狗是要和它打架，不禁大怒，便狂吠着向井里的狗影子扑去，最后自己葬身在水井里。

世人由于不明而常生愤恨，无端仇怨别人，故造出许多恶业。井边之狗不知万物为虚有，对水中之影狂吠，可见是愤恚之心太重，丧身井底也就必然了。

要想活得自在，就须常念"忍"字诀，不但是要忍别人所加的侮辱詈骂，而且要在穷困痛苦的逆境中，能忍颓丧卑鄙之念不生；在富贵顺遂的顺境里，能忍骄矜沉迷之心不起。这样才能做到根除烦恼，心静如水。这与"人能百忍自无忧"的道理是相通的。

学会忍让：以大胸怀为自己的人生保驾护航

第八章
忍让是一种以退为进的策略

1. 退得巧才能进得妙

忍让绝不是退让到底，而是暂时潜伏的必要，是形势比人强环境下的曲折求存之术。做人难，办事还难。一个人若要在纷繁复杂的环境中措置裕如地驾驭人生局面，做到逢凶化吉，遇难呈祥，把不可能的事变为可能，最后达到成功之目的，需要牢记一个"退"字。退是一种糊涂谋略，更是一种维系生存的手段。面对千难万阻，要顺顺利利地办成事，不懂得以退为进怎么行！

汉时，中原是泱泱大国，四围的南越、夜郎、楼兰等小国，俯首称臣，岁岁上供，可是难免有不服管制的君王，拥兵自立，令朝廷非常头疼。如果派兵攻打，他们地处边夷，气候与中原大不相同，士兵很难适应，难免损兵折将。再者路途遥远，物资耗费不赀，国力难免损伤；而如果不派兵打击其气焰，小国难免彼此效仿，有损大国威仪。

吕后总览朝政时的南越王赵佗就令朝廷大伤脑筋。朝廷大臣普遍认为赵佗根本不堪一击，纷纷劝说吕后出兵攻打赵佗，收复南越。他们说，"南越为蛮族之邦，其军队不过是一帮乌合之众。昔日高祖皇帝无心攻打他们，便实行了安抚政策。现在我国兵强马壮，物资丰厚，正是讨伐南越的好时机！"吕后担心兵祸再起，没有同意立即发兵，然而她还是对南越王赵佗充满了恨意。

长沙国和南越为邻，长沙王为了扩大势力，极力主张对南越用兵。长沙王见吕后不肯动武，于是建议禁止在南越边境上进行铁器交易，以遏制南越的发展。赵佗见朝廷政策有变，十分气恼，他便派军队攻陷了长沙国南部数县。吕后派兵反击，攻入南越国境内，才平息了战争。

吕后死后，汉文帝即位，在南越的问题上依然没有一个明确的处理办法。一位反战的大臣对文帝说："我乃天朝大国，要打败小小的南越不在话下。可问题是，现在我军受不了南方的酷热潮湿，若打起仗来一定伤亡惨重。何况蛮族人生性野蛮，不好治理，我们胜了也会在南越的事情上大费精力，这样一来就得不偿失了。"

文帝闻听觉得很有道理，便问这位大臣的看法。这位大臣回答说："做事不能为了虚名而受实害，如果皇上不在意取胜的虚名，那么就可以不去战胜南越，改攻伐为安抚。南越一旦受了皇上的恩惠，一定会感恩自省，消除对我国的敌意，这样国家就安宁了。"

文帝于是撤出南越国的汉军，对赵佗好言安慰。赵佗的亲人墓地在真定，文帝就将真定赐给赵佗，并派人按时祭祀。文帝又寻访赵佗的亲属，对他们礼遇优待，还亲封他们做了朝廷的高官。

赵佗知道这些事情后果然被感动了，从心里敬重文帝，他上表文帝请和，说："从前我不明事理，冒犯天朝的神威，现在看来我是罪孽深重啊！"赵佗请求以藩属国的身份，入京进贡。从此南部边境平静下来。

吕后武力征伐没有做到的事，文帝只靠安抚就做到了。面对小势力的挑衅，文帝恩威并施，既让南越感受到了汉邦大国的实力，又给予他一定的优待，从而一方面减少了伤亡，一方面也让赵佗感受到了大国的仁义，使他真正的臣服，不再危害一方。

退让不仅是一种态度，更是一种策略，往往让你以最小的代价得到最大的回报。

2. 临渊羡鱼，不如退而结网

世上让人们羡慕的事很多，不少人只停留在羡慕之上，并不靠努力去争取，结果他们"终生有恨"了。古人说："临渊羡鱼，不如退而结网。"就是要求人们不要空想，要真抓实干。人生是有限的，机会也是不等待人的，只有抓紧时间努力工作的人，才能真正实现自己的梦想。

三国时期的名臣诸葛亮，幼年丧父，他便带着弟弟诸葛均来到了叔父诸葛玄的门下。

诸葛亮很有志气，一次他和诸葛玄谈论了很长时间，诉说了自己的远大理想。令他感到奇怪的是，诸葛玄只是端坐而听，却没有说一句话。

诸葛亮有些难堪，他对叔父说："我说得不对吗？为什么你不肯指点我呢？"

诸葛玄说："你年纪还小，不知道做大事的人是不会像你这样夸夸其谈的。我看你说得虽好，但读起书来并不认真，以后靠什么去实现你说的话呢？"

诸葛亮深受触动，从此读书刻苦，再不以空谈为能了。

诸葛亮长大以后，学问日渐精深，但他从没有满足的时候。

一次，诸葛玄对他说："你学问有成，应该有所作为。荆州牧刘表和我有交情，看在我的面子上，他一定会收留你的。"

诸葛亮说："我的才能还只是小有所成，如果轻易出山，虽然可得一时的富贵，但终不是我的志向。"

他没有答应诸葛玄的要求，仍是钻研学问，苦读不止。

诸葛玄死后，诸葛亮隐居到隆中，亲自耕种土地，磨砺自己的意

志。有人劝他不要浪费自己的才能，诸葛亮说："现在天下大乱，没有大才的人是不能平定天下的。我不是不想出山，而是担心我的才能不够啊！"

诸葛亮日夜苦学，他的学问早超过了众人，少有人能和他相比了。后来，刘备三顾茅庐请他出山，于是诸葛亮凭着自己的卓越才能，建立了丰功伟业。

诸葛亮勤奋务实，苦练本领，在以后的军事生涯中才能智计无穷，建立大功。他是个实干家，其业绩也不是虚幻的。

在真刀真枪的人生战场上，只有真本领的人才有获生的希望。人们对此不要抱有任何不切实际的幻想，行动要落实到实处，大话吓人是没有市场的，否则就难以生存了。

东汉时，廉范拜博士薛汉为师，跟随他学习学业。

廉范时刻不敢偷懒，常常学习到深夜。一次，薛汉劝他不要过于辛苦，廉范说："我天生并不聪明，如果不用勤奋弥补，那么就没有指望了。"

薛汉夸他有出息，于是把自己的学识倾心传授，没有一丝保留。

廉范学习期间，有地方官府征召他做官，廉范都以学业未成而回绝了。他对薛汉说："若只想做个小官，我现在的学识应该可以应付了，这样一来我就失去了做大事的机会，请求你让我留下。"

廉范学业大成之后，陇西太守邓融请他到官府任职。廉范知道邓融为官不法，便毅然推辞。邓融想报复他，廉范于是隐姓埋名跑到洛阳，做了一名狱卒。

后来邓融事发获罪，廉范正巧负责看管他。他对邓融悉心照料，却不肯承认自己的真实身份。

有人知道了实情，劝廉范不要干这样的傻事，说："对邓融有心是很难得了，为什么还要关照他呢？"

学会忍让：以大胸怀为自己的人生保驾护航

廉范说："我读书很多，如果明白了书中的道理而不加以实行，那么我就是白白读书了，和一般人有什么区别呢？圣贤教诲我们要仁爱对人，我现在正是学习仁爱啊。"

邓融在狱中得了重病，廉范没日没夜地在他身边侍候。又有人怕他招来非议，对他说："邓融是朝廷重犯，如果人们误会你和他是同党，你不是很危险吗？"

廉范说："仁爱本是不讲得失的，否则就不是仁爱了。我的行为若给我带来麻烦，只要不是我的错，我都可以坦然接受。"

邓融死在狱中，廉范亲自赶车把他的灵柩送回他的家乡，把他安葬了。

廉范的义举渐渐传开，赢得了天下人的敬重，百姓纷纷写信向朝廷荐举他，朝廷也多次征召他。一时之间，廉范成了天下最有名的人物，被尊为当时的圣贤。

廉范不沽名钓誉，注重身体力行，这是他成名的根基。他做事不是给别人看的，完全出于本心，人们才会真正佩服他。

有些人不干实事，总以为干了实事也得不到好的回报，这是因为他们的虚荣心太旺盛了，也是他们不相信世人的缘故。有这种想法的人是自私和偏激的，他们的讲究实惠与怀疑一切，使他们丧失了做事的原始冲动和责任意识，只能被动地应付了，而这恰恰是失败的根源。成功容不得杂念和猜疑，人们一定要全心全意地对待它。

3. 讲究做事的方法

做事情也要讲求方法，一味蛮干，只会将事情搞砸，与原定目标相差甚远，而如果能够在适当的时候，稍微退一步，不直接朝着结果去，而是采用迂回的方法，反而能够达到目的。

公元前 266 年，赵惠文王死了。接任的孝成王年纪尚幼，大权由母亲赵太后掌管。秦国看赵国困难重重，乘机进犯，赵国只好向齐国求救。齐国却提出拿孝成王的弟弟长安君做人质。长安君是赵太后的心爱之子，太后执意不让他去，并对劝说的大臣大发雷霆，宣称谁再敢来劝，就要吐他一脸唾沫，意思就是要不识相的人好看了。

形势相当危急。一面是秦军步步进逼，一面是太后不舍心爱之子去当人质。使齐国的救援不能成行，国家命运危在旦夕。

这时左师（官名）触龙来到朝廷求见太后。太后也明白对方来意，所以冷着脸与他相见。触龙因年迈，行走困难，慢慢走到太后面前，开始了这么一段对话：

触龙："臣的脚有毛病，不能快走，很久没有来见您，但我常常挂念着太后的身体，今天特地来看看。"

太后："我也是靠车子代步的。"

触龙："每天饮食大概没有减少吧？"

太后："用些粥罢了。"

触龙："我也不愿吃东西，勉强出去走走，每天三四里路，稍微可以吃一些，身子骨也硬朗了。"

通过开头几句的互致问候的话，太后的怒气稍为平息了一些。这个话头的目的也达到了。

触龙："我有一个希望，请太后做主。我的儿子舒祺，年小才疏。我年纪大了，很疼爱他，希望您能让他当个卫士，守卫王宫。"

太后："可以，年纪多大了？"

触龙："十五岁，岁数是小了一点，希望在我死之前把他托付给您。"

话题转到了儿子身上，他的要求既表达了对国家的忠心，更重要的

下篇

学会忍让：以大胸怀为自己的人生保驾护航

是涉及如何对待子女，这就与太后的症结自然联系起来了。但触龙此时还不能提太后的儿子，只能作为伏笔。

太后："男人也疼爱他的小儿子吗?"

触龙："比女人还厉害呢。"

太后："哪里话，女人才是最疼爱儿子的。"

触龙："我觉得您疼爱女儿燕后超过儿子长安君。"

太后："错了，我疼爱燕后的程度比长安君差远了。"

触龙："不，父母疼爱儿子就应该替他打算得很远。您把女儿嫁到燕国时，虽然也悲伤，但每到祭祀时却祷告别让她回来，这不是希望她的子孙世世代代相继为王吗?"

太后："你说对了。"

此时的话题已不知不觉谈到男人与女人谁更爱孩子的问题。触龙立即抓住这个时机，趁热转到自己要说的正题。但他却不能提人质的事，而仍采用迂回的手法，拿长安君与燕后进行比较，表面看来纯属太后个人家事，所以太后能够接受，并被触龙的一些新鲜提法（如男人比女人更爱儿子）所吸引，使讨论逐渐深入，步步逼近主题。

接着触龙又把话题转向历史。

触龙："请您想一想，从现在的赵王上推三代之外，过去的赵家子孙到今天还有谁能把爵禄继承下来的呢?"

太后："没有，没有。"

触龙："其他国家呢?"

太后："也没听说过。"

触龙："这就大有文章啊。这些子孙都靠继承父辈传下的现成爵位，地位高，又没立过功劳，却过着养尊处优的生活；没有对国家做过贡献，毫无才干和经验，又行使很大的权力，这就相当危险。在这种情况下，他们的地位就很脆弱，容易受人偷袭，自己遭到杀身之祸不说，还

连累他的子孙。如果您要提高长安君的地位，只靠封地加官，却不让他立下功劳，将来您去世，他凭什么功劳在国中立脚呢？所以我以为太后爱他不如爱燕后。”

太后："你说得对极了。好，长安君的去留听你安排吧！"

触龙的游说，以柔克刚，言语温和亲切，娓娓动人，可谓"义正而词婉"。触龙用"缓冲法"拉家常套近乎，用"引诱法"开后门托幼子，用"旁击法"谈燕后作陪衬，用"植入法"说过去看未来。先使太后息怒，缓和气氛，再用反证法"老臣窃以为你爱燕后贤于长安君"来巧设鱼饵，使得太后不自觉地谈论起长安君的话题来，推出"为长安君计短也"的结论。迂回包抄从而使得赵太后主动缴械。

触龙非常了解赵太后爱子、溺子之心，于是采用拿人心比己心，以自己的爱子之心做诱引，动之以情申明大义，进而解太后心结。退是为了进，想要达到目标，在对方倔强的时候，适当的退一步，不弄僵了关系，再慢慢和缓的商量，以退为进，循循善诱，最终达成目标。一味直来直去，虽然心意是好的，但对方却不一定接受，反而会误会了好意。

4. 达观权变，进退适宜

古今名士，莫不推崇"魏晋风度"，由正始才俊何晏、王弼到竹林名士嵇康、阮籍，中朝隽秀王衍、乐广至于江左领袖王导、谢安，莫不是清峻通脱，表现出的那一派"烟云水气"而又"风流自赏"的气度，几追仙姿，而其中谢安可以算得其中的顶尖人物。

公元 317 年，世家大族王导及其兄弟辅佐晋元帝司马睿在江东开创了东晋基业，琅琊王氏也因此成为东晋第一大豪门。王导死后，桓温翦除了庾氏势力，专擅朝政，桓氏家族随之兴起。谢安就是在桓温执政前夕出仕的。桓温掌政权后仍不满足，他多次北伐，企图为谋取帝位做好准备。他曾抚着自己的枕头说："大丈夫如果不能流芳百世，亦当遗臭万年。"

太和六年（公元371年），桓温废除了皇帝司马奕，另立简文帝司马昱，使本来不太稳定的政局再次出现危机。简文帝的日子因桓温虎伺一旁也特别不好过，脆弱的他不堪忧虑与恐惧，终于一病不起。临终时，他仍慑于桓温的淫威，竟在遗诏中说："如果儿子可以辅佐，就请您辅佐；如果他不成器，您可以自取天下。"这就等于给了桓温篡位的口实。在这紧急关头，王坦之与谢安力谏简文帝改写遗诏，请桓温以诸葛亮和王导为榜样辅政，并立司马曜为皇太子。当拥兵姑孰（今安徽当涂）的桓温闻讯简文帝并没有如他希望的那样，禅位给他，十分恼火；谢安等人则趁他不在京都，马上立太子做了皇帝。桓温气急败坏，于是在宁康元年（公元373年）二月，亲率大军，杀气腾腾地回兵京师，向谢安、王坦之问罪，并欲趁机扫平京城，改朝换代。眼见朝廷上下，人心惶惶，新帝司马曜也不得不下诏让吏部尚书谢安和侍中王坦之到新亭迎接桓温。王坦之早就听人说桓温此次来就是要杀他和谢安，所以非常害怕。他让谢安拿主意，谢安镇定自若而又十分郑重地告诉他："晋朝的危亡，全看我俩此行了。"

二月的京城，春寒料峭，桓温的到来更给这里增添了一派肃杀气象。文武百官纷纷跪拜在道路两旁，甚至连抬头看一眼威风凛凛从眼前经过的桓温的勇气都没有，这里面也包括那些有地位有名望的朝廷重臣。与谢安同来的王坦之早已是惊慌失色，汗流浃背，紧张地连手版都拿倒了。在这惶恐的一群人中，只有两个人不改自然容颜，一个是来者不善的桓温，一个是镇定安闲的谢安。他俩之间的"角逐"已不止一次了。在习习拂面的寒风中，谢安走上台阶，在席上就坐。他并不看桓温布置在四周、围得像铁桶似的卫兵，而是先作了一首咏浩浩洪流的

《洛生咏》，然后才平静从容地说："我听说诸侯有道，就会命守卫之士在四方防御邻国的入侵。明公人朝，会见诸位大臣，哪用得着在墙壁后布置人马呢？"老道的桓温没料到昔日在自己府中做司马的谢安在这种关头依旧不改其旷达风度和自若本色，一下子被他镇住了，于是赶忙赔笑说："正因为不得已才这样做呀！"嚣张气焰被打下去后，他连忙传令撤走兵士，笼罩在空气中紧张的气氛一下子消除了。在接下来的时间里，他又摆酒设馔，与谢安两人"欢笑移日"，在这欢笑声中，朝廷总算度过了一场虚惊。以前，人们还认为王坦之和谢安的才能都非常高，通过这件事，人们才认识到王坦之稍逊一筹。

新亭风波后，全靠谢安和王坦之的忠心辅佐，才把局面逐步稳定下来。但是，野心勃勃的桓温却依旧不肯放弃自己做皇帝的梦想。不久，他回姑孰养病，暗示朝廷授他"九锡。""九锡"是历代权臣篡位前的最后一级台阶，桓温身患重病更是急于获得，想着好歹当他几天皇帝。桓温让袁宏按他的意思起草加授九锡的诏令，袁宏把诏令拿给谢安看，谢安一看，只说了一句"不好"，便动手进行修改。就这样一共修改了好几次，拖延了几十天，也没有定稿，一直拖到七月桓温病死。至此，司马氏朝廷面临的一场危机总算过去了。

在同权臣桓温的周旋与斗争中，谢安表现出了超人的胆识与气度，成了稳定大局的顶梁柱，群臣的主心骨。

谢安横空出世，挽狂澜于既倒，扶大厦之将倾。论事业才干，他巧施手腕，平衡各家势力共御外侮；淝水之战中，击溃数倍于己的前秦大军。论个人修为，他内玄外儒，精神高蹈又脚踏实地，以出世精神成就一番入世事业。最了不起的是，他在重压下总能如海明威所说"保持优雅风度"。这种重压下保持的优雅衡量了敌我实力，猜透了对方招数的智慧；是不成功则成仁，淡漠生死的勇气；是进退适宜的坚实后盾。

学会忍让：以大胸怀为自己的人生保驾护航

5. 处变不惊，进退裕如

一个人不会料事如神，未卜先知，在遇到突如其来的变故时，常因未做心理准备而慌乱不堪。所以，我们应首先在心理上做好准备，遇到异常情况也就不会六神无主，束手无策了。

生活有规律的人，常常懂得物有所归这个道理。事先整理自己身边的事，不一定只为预防不测而做。即使在平时遇到意料不到的事，做起来也非常方便。

办事能力的高低，主要体现在能否在办事的全过程中始终处于清醒、明确的意识谋划中，和在实施的过程中是否有随机应变的能力。

段秀实是唐代郭子仪之后的名将。字成公，陕西千阳人。幼读经史，稍长习武，言辞谦恭，朴实稳重。先后任安西府别将、陇州大堆府果毅、绥德府折冲都尉等职。安史之乱时，授泾州刺史，封爵张掖郡王。公元766年后，任泾州刺史兼御史大夫，四镇北庭行军泾原郑颖节度使，总揽西北军政四年，吐蕃不敢犯境，百姓安居乐业。公元780年，加封检效礼部尚书，不久因杨炎进谗贬司农卿，调回长安。公元783年，泾原兵在长安拥朱泚为大秦皇帝，他当庭勃然而起，以笏板击朱泚，旋被杀。朝野赞叹："自古殁身以卫社稷者，无有如秀实之贤。"

段秀实在泾州（今甘肃泾州北）任刺史时，平定安史之乱的功臣郭子仪时任天下兵马副元帅，权倾朝野。郭晞是他的儿子，随父征战，有战功。广德二年，吐蕃入寇，朝廷封郭晞为御史中丞，领军援彬州（今陕西彬县）。这时其父自行营入朝，由他兼任行营节度使，驻军于彬州。郭晞仗着其父的权势，放纵士兵在彬州胡作非为，随意在大街上抢夺百姓财物，捣毁器物，撞杀孕妇。彬州是节度使白孝德管辖的地

方，他听后感到很头痛，因为他是郭子仪的部下，碍于郭子仪的权位，使得白孝德有所顾忌，不敢过问这件事。而靠近彬州的段秀实闻此很不满意。这事本来同他没关系，但是，他却主动找到白孝德，请求派他去担任都虞侯（军队中的执法官），以便制服郭晞部下的不法行为。白孝德爽快地答应了他的请求。

在段秀实担任都虞侯不久，郭晞部下的 17 名士兵上街捣毁了一家酒家的酒器，杀死了酿酒的技工。段秀实知道后，立即下令逮捕了这 17 名士兵，并将他们斩首示众。百姓见后无不拍手称快。

但是，这一下却捅了蚂蜂窝。郭晞军中士兵大为震动，悉数披上铠甲，杀气腾腾，企图向段秀实报复。一时间，剑拔弩张，一场流血冲突在即。

白孝德闻讯大惊失色。连忙召见段秀实问"将奈何？"段秀实从容不迫，要亲去郭晞营中处理此事。白孝德不放心，要派数十名士兵护卫他前去。他尽请辞去，解下佩刀，只选了一个既老且跛的士卒随他同行。

至郭晞营前，披甲执锐的士兵涌出。段秀实见状，笑着说："杀一老卒，何需这么多甲兵？我戴着我的头来了。"众士兵见状，皆谔然。接着，他让士兵请郭晞出来说话。郭晞出，段秀实说道："副元帅功勋盖世，当善始善终。今天，阁下却放纵手下，姿意作恶。这样做，势必引起混乱，影响国家安定。皇上追究下来，将罪及副元帅。乱皆起因于阁下。人们会说，阁下依仗副元帅，不守法。这样，令尊大人的一世英名将毁于一旦，恐祸将至。"话音未落，郭晞立刻向段秀实拱手致谢。说道："幸亏您及时赐教，恩甚大。我愿听先生的。"随即，他喝令士兵"解甲归营，有敢乱来者死"。段秀实为了考验他，留下来吃饭、过夜。郭晞怕出意外，一直陪在段的身边。次日晨，二人到白孝德处，郭晞向孝德谢罪，请改过。彬州从此无祸。

段秀实敢于顶住压力惩罚郭晞部下的士兵，不畏强暴，为民请命，显示了他的嫉恶如仇，而之后独闯军营，言笑自如，不惧怒火冲天、剑拔弩张的郭晞，慷慨陈词，剖析厉害，说服了想要报仇的士兵们，进退之间，消弭祸事，显示了其高超的处事智慧。非大勇不能舍生赴死，非大智不能平息敌怒，如此名将风采不单是战无不胜的功劳积聚，更缘于这种为人处世中进退适宜的秉性。

6. 后退有时亦是进步

在很多时候，退步是为了获得更大的进步，就像体育运动中的跳远一样，为了跳出好成绩，退步是必然的。许多人对后退常常不理解，认为是一种倒退。事实上，在前进中，双方对峙势均力敌的时候，干耗不是出路。当有一方出现异常而后退时，他的目的很明显：打破僵局，争取最大的冲击力。

禅院里有一群学僧，正在寺前的围墙边练习绘画。他们模拟一幅龙争虎斗的画像，龙在云端盘旋，虎踞山头怒吼，但大家却都觉得这幅画动态不足。

正在这时候，老师父过来了，大家急忙上前请教，如何把龙头仰高虎头伸前，表现更为凌厉。

老师父看过后说："不对，龙在攻击前颈要向后退缩，虎要上扑时头要向下压低！"

学僧们还是不明白，问道："师父，龙头后屈，虎头贴地，实在不够威武雄壮啊！"

老师父微微一笑，缓缓地说："手把青秧插满田，低头便见水中天。身心清净方为道，退步原来是向前。"

老师父的意思是说：当一个人准备有所作为的时候，他都要先积蓄力量。力量积蓄的过程，并不是要你昂首挺胸，而是屈腿弯腰。这正如"龙在攻击前颈要向后退缩，虎要上扑时头要向下压低"一样。这就告诉我们这些在职场上行走的人们，气不要太盛，心不要太满，才不要太露。因为退步不但是前进的张本，更是为人处世的第一要义。

日本有一位禅师曾经譬喻说："宇宙有多大多高？宇宙只不过五尺高而已！而我们这具昂昂六尺之躯，想生存于宇宙之间，那么只有低下头来！"我们看成熟的稻子，头是俯伏在地面的。我们要想认识真理，就要谦虚谨慎，把头低下来。

几年前，小王有个破格提前晋升职称的机会，单位当时够条件的只有两人，可名额只有一个。小王的竞争对手是一个工龄差不多有他年龄长的女性前辈。若比资力，小王欠缺，但若比业绩、比人气，小王相信自己不会输掉。因此小王写好了煽情的演讲稿，踌躇满志地准备放手一搏。但因一件再平凡不过的小事儿，却使小王改变了想法。

有一天，刚到单位，小王就看到自己的竞争对手正默默地用拖布擦着办公室门前走廊的地砖。友好地打声招呼后，小王回到自己的办公室，靠在椅子上发呆。在单位里，她很平凡，没有突出的业绩，没有各种高层次的奖励，甚至在单位年末考核的时候，因为业绩平庸，她也总是排在后面。可是她就那样默默地奉献着，一干就是20多年。此时，这份职业于她，已经升华为事业了。跟她比起来，小王还是个初出茅庐的孩子，即使自己再能干，一天能顶过别人三天吗？今年自己若不晋升职称，明年一样有机会，因为自己还年轻。而40多岁的她若还晋升不上，机会就会越来越少，竞争就会越来越激烈，门槛也会越来越高。想到这儿，小王做出了一个决定：退出评选。

晚上回来，小王家里的电话成了热线，都是同事打来的。有的说：你真傻，放弃了这么好的机会；有的说：没想到，年纪轻轻，却如此识

学会忍让：以大胸怀为自己的人生保驾护航

大体；有的说：你的自信哪里去了，这可不像你的行为啊，百折不回才是你，是不是有苦衷？还有的说：做得对，我们支持你！

这件事情，虽然使小王在个人利益上受到点损失，可能每个月少得两百元钱，但是，却使他在同事中树立了威信。在以后的工作中，他们更加支持小王、信任小王、理解小王了。

第二年六月，小王被评选为优秀共产党员。对他来说，这是一种莫大的鞭策和鼓励，并以此为动力，迈向一个个新的台阶。

"退步原来是向前"，这话说得多透彻，多经典。然而一般人却总是认为人生只有向前走，才是进步风光的，而这首诗却告诉我们退步也是向前的，并且更是向前，更是风光。古人说："以退为进"，又说："万事无如退步好"，在功名富贵之前退让一步，是何等的安然自在！在是非之前忍耐三分，是何等的悠然自得！这种谦恭中的忍让才是真正的进步，这种时时照顾脚下，脚踏实地的向前才至真至贵。人生不能只是往前直冲，有的时候，若能退一步思量，所谓"回头是岸"，往往能有海阔天空的乐观场面。从事事业，把稳正确的方向，不能一味蛮干下去，也要有勇于回头的气魄。

有时候，低头与退步，并非消极，也并非懦弱，那是一种态度，明朗且健康；那是一种姿势，看似弯曲，实则蓄积；那是一种心法，锻造勇气，锤炼品性；那是一种通透，闪现着智慧的光芒。

7. 忍绝不是退让到底

忍不是退让到底，而是像弹簧一样，压缩自己，积蓄力量，在因缘际会之时，向自己的目标，扑上去。

三国时期的司马懿，本来是个老谋深算、绝顶聪明的人，却总喜欢

198

装糊涂。当年他在五丈原，凭借一套大智若愚、软磨硬泡的阴鸷功夫，终于拖垮了老对手诸葛亮，居功至伟，在国内也权倾一时。正因为功高震主，少不得引来同僚的妒忌和朝廷的猜疑。

魏明帝死后，太子曹芳即了位，就是魏少帝。曹爽当了大将军，司马懿当了太尉。两人各领兵三千，轮流在皇宫值班。曹爽虽然说是皇族，但论能力、资格都跟司马懿差得远。开始的时候，他不得不尊重司马懿，有事总听听司马懿的意见。

后来，曹爽手下有一批心腹提醒曹爽说："大权不能分给外人啊！"他们替曹爽出了一个主意，用魏少帝的名义提升司马懿为太傅，实际上是夺去他的兵权。接着，曹爽又把自己的心腹、兄弟都安排了重要的职位。司马懿看在眼里，装聋作哑，一点也不干涉。

曹爽大权在手，就寻欢作乐，过起荒唐的生活来了。为了树立他的威信，他还带兵攻打蜀汉，结果被蜀军打得大败，差点全军覆没。司马懿表面不说，暗中自有打算。好在他年纪也确实老了，就推说有病，不上朝了。

曹爽听说司马懿生病，正合他的心意。但是毕竟有点不放心，还想打听一下太傅生的是真病还是假病。

有一次，有个曹爽亲信的官员李胜，被派为荆州刺史。李胜临走的时候，到司马懿家去告别。曹爽要他顺便探探情况。

李胜到了司马懿的卧室，只见司马懿躺在床上，旁边两个使唤丫头伺候他吃粥。他没用手接碗，只把嘴凑到碗边喝。没喝上几口，粥就沿着嘴角流了下来，流得胸前衣襟都是。李胜在一边看了，觉得司马懿病得实在可怜。

李胜对司马懿说："这次蒙皇上恩典，派我担任本州刺史（李胜是荆州人，所以说是本州），特地来向太傅告辞。"

司马懿喘着气说："哦，这真委屈您啦，并州在北方，接近胡人，

学会忍让：以大胸怀为自己的人生保驾护航

您要好好防备啊。我病得这样，只怕以后见不到您啦！"

李胜说："太傅听错了，我是回荆州去，不是到并州。"

司马懿还是听不清，李胜又大声说了一遍，司马懿总算有点搞清楚了，说："我实在年纪老，耳朵聋，听不清您的话。您做荆州刺史，这太好啦。"

李胜告辞出来，向曹爽一五一十地说了一遍，说："太傅只差一口气了，您就用不着担心了。"曹爽听了，别提有多高兴啦。

公元249年新年，魏少帝曹芳到城外去祭扫祖先的陵墓，曹爽和他的兄弟、亲信大臣全跟了去。司马懿既然病得厉害，当然也没有人请他去。

哪儿知道等曹爽一帮人一出皇城，太傅司马懿的病全好了。他披戴起盔甲，抖擞精神，带着他两个儿子司马师、司马昭，率领兵马占领了城门和兵库，并且假传皇太后的诏令，把曹爽的大将军职务撤了。

曹爽和他的兄弟在城外得知消息，急得乱成一团。有人给他献计，要他挟持少帝退到许都，收集人马，对抗司马懿。但是曹爽和他的兄弟都是只知道吃喝玩乐的人，哪儿有这个胆量。司马懿派人去劝他投降，说是只要交出兵权，决不为难他们。曹爽就乖乖地投降了。

过了几天，就有人告发曹爽一伙谋反，司马懿派人把曹爽一伙人全下了监狱处死。这样一来，魏国的政权名义上还是曹氏的，实际上已经转到司马氏手里。

生活中，涉及大原则的事情不多，许多矛盾和纠葛，大多是生活小事。因此，我们更应该学会忍，学会谦让。忍不是表面的忍气吞声；忍是一种负责和担当。忍，并不是目的，而是一种糊涂手段。不能忍，便不会糊涂，不会糊涂，也根本忍不下去。所以忍之一字，万妙之门。卧薪尝胆，三千越军可吞吴；韩信甘忍胯下之辱，不愿争一时之短长，而终成盖世之功业。此种忍，不是屈服，而是退让中另谋进取；也非逆来顺受，而是委屈求全以便我行我素。得理也须让三分，小不忍则乱大谋。

8. 时机未到就要能忍

世界上的第一位亿万富翁洛克菲勒也是一位善忍、能忍的高手。

在洛克菲勒创业之初，由于资金缺乏，他的合伙人克拉克先生邀请昔日同事加德纳先生入伙，有了这位富人的加入，就意味着他们可以做很多想做、有能力做、只要有足够资金就能做成的事情。

然而，出乎意料的是，克拉克带来了一个钱包的同时，却也带来了一份屈辱，他们要把克拉克—洛克菲勒公司更名为克拉克—加德纳公司，而他们将洛克菲勒的姓氏从公司名称中抹去的理由是：加德纳出身名门，他的姓氏能吸引更多的客户。

这是一个大大刺伤洛克菲勒尊严的理由，洛克菲勒很愤怒！同样是合伙人，加德纳带来的只是自己的那一份资金而已，难道他出身贵族就可以剥夺洛克菲勒的名份吗？但是，洛克菲勒忍下了，他告诉自己：你要控制住你自己，你要保持心态平静，这只是开始，路还长着哪！洛克菲勒故作镇静，装作若无其事的样子告诉克拉克："这没什么。"事实上，这完全是谎言。想想看，一个遭受不公平、自尊心正受到伤害的人，他怎么能有如此的宽容大度！但是，洛克菲勒用理性浇灭了自己心头燃烧着的熊熊怒火，因为他知道这样会给他带来好处。

忍耐不是盲目的容忍，而是要冷静地考量情势，要知道自己的决定是否会偏离或加害目标。如果洛克菲勒对克拉克大发雷霆不仅有失体面，更重要的是，这会给他们的合作制造裂痕，甚至会导致克拉克一脚把洛克菲勒踢出去、让他从头再来的恶果。而团结则可以形成合力，让他们的事业越做越大，洛克菲勒的个人力量和利益也必将随之壮大。

洛克菲勒知道自己要到哪里去。在这之后他继续一如既往、不知疲倦地热情工作。到了第三个年头，他就成功地把那位极尽奢侈的加德纳先生请出了公司，让克拉克—洛克菲勒公司的牌子重新竖立起来！那时人们开始尊称他为洛克菲勒先生，他已成为富人。

在洛克菲勒眼里忍耐并非忍气吞声、也绝非卑躬屈膝，忍耐是一种策略，同时也是一种性格磨炼，它所孕育出的是好胜之心。结果正像众所周知的那样，克拉克—加德纳公司永远成为了历史，取代它的是洛克菲勒—安德鲁斯公司，洛克菲勒就此搭上了成为亿万富翁的特快列车。这就是能忍人所不能忍之忤，才能为人所不能为之事。

在任何时候冲动都是有志之人最大的敌人。如果忍耐能化解不该发生的冲突，这样的忍耐永远是值得的；但是，如果顽固地一意孤行，非但不能化解危机，还会带来更大的灾难。

在这个世界上需要我们忍耐的人和事太多太多，而引诱我们感情用事的人和事也太多太多。所以，我们必须要修炼自己管理情绪和控制感情的能力，要注意在做决策时不要受感情左右，而是完全根据需要来做决定，要永远知道自己想要什么。我们还需要知道，在机会的世界里，没有太多的机会可以争取，如果你真的想成功，就一定要把握并利用自己的机会，更要设法抢夺别人的机会。

记住，要天天把忍耐放在身上，它会给我们带来快乐、机会和成功。

9. 厚积而薄发

锋芒毕露，在人生的战场上来说，不是一个很好的筹码。我们在过度暴露自己优点的同时，缺点也会被别人看得一清二楚。只有隐藏自己的实力，才能在战场上出其不意，获得成功。如果在一开始就让别人把自己的底牌看了个遍，在交手之时便没有了回旋的余地，连防守的机会都失去了，最后只能任人宰割。如果把锋芒藏在背后，放低姿态，低调为人，反而能够韬光养晦，等待机会，厚积薄发，进而一举击败对手，大胜而归。

19世纪中叶，英国资本主义工业迅速发展，当时有一家公司从事棉纺工业，产品流向世界各地。这引起了日本同行的注意。这家公司位于一条热闹的大街旁。每到中午，公司职工都到对面唯一的一家餐馆吃午饭。不久，这家餐馆附近又新开了一家餐馆，馆内的管理服务人员清一色都是日本人。餐馆一开业就十分惹人注意。它不仅价格比英国餐馆便宜，而且味道鲜美，服务态度极佳。那些英国职工慕名前来，渐渐地把就餐重心移向了这家日本餐馆。有时，某些职工没带钱，也可以先赊账，并同样受到热情的招待。久而久之，搞得人缘极好。

几年后的一天，这家餐馆突然倒闭，理由是由于出售的饭菜价格低廉、成本高而引起亏损。这家餐馆的经理和堂倌扬言"无钱回国"，并通过那些常来光顾的吃客——一些工程师及高级职员，请他们说情，协助谋求职业，以便筹集路费返回家园。

由于这些高级职员平时受到日本堂倌的"特殊照顾"，对于他们格外同情，因此都极力向公司推荐。起初，公司也相当谨慎，但经不住高级职员的屡次担保，最后不得不松口了。但是规定：所有进厂工作的日本人不许进车间，只许在车间外面做做粗装工，如推筒管、运袋皮、装纱等，只要一到车间门口，就由英国人接管。

经过一个时期的紧张观察，公司管理人员发现这些日本人忠实可靠、干活卖力，并无任何可疑之处，警戒慢慢地消除了。过了一段时间，这些日本人不仅能自由地进入各车间，而且有的还被安排到技术部门工作。

下篇

学会忍让：以大胸怀为自己的人生保驾护航

可是，公司里的上上下下做梦也没有想到，这家日本餐馆的全体人员都是日本第一流的纺织专家。他们一边默默工作，一边把英国纺织机的先进设备部件、结构及作用等，都牢牢记在心里。

　　若干年后，日本人声称已积蓄了一笔款子并准备回家。他们顺利地办好了出国护照，启程返回日本。回国后，他们经过几年的艰苦奋斗，设计出一套在当时来说相当先进的纺织机械。从此以后，日本的纺织工业出现了一次大飞跃。

　　每一个人都不可能永远是强者。面对不可战胜的强大势力，处于弱势的我们不妨采取守势，暂时卧倒。这样做并不是怯懦，更不是屈服，正如大仲马在《基度山恩仇记》中所说："等待，这是一个奥秘——卑屈的懦夫用它遮羞，坚强的巨人把他作为跳板。"这样低调的行为会带来积聚力量的时间，使我们能够再度站起来，取得成功。

第九章
有一颗从容淡定的心

1. 做到"闻过则喜，知过不讳"

大多数人都乐意听表扬、奉承、恭维、抬举的话。不管是真是假，听到这些话，总觉得特别耳顺，心中舒服，脸上有光。

与此相对，大多数人总是讨厌听批评指责自己的话。听到这些话总觉得逆耳，心中不愉快，脸上挂不住。

殊不知这正是常人常犯的一种错误，一种由心理脆弱或无自知之明或追求虚荣所导致的一种错误。

面对批评和赞扬，人们近乎本能地拒绝前者而喜欢后者。这除了可能是批评者缺乏批评艺术的原因外，更主要的是批评和赞扬的本身会使人产生两种相反的心理反应。当一个人受到批评时，往往会觉得丢脸、难堪，因悲伤、恼火而生气，而在得到赞扬时，会有振作、兴奋、自豪、惬意、快乐的感受。因此，人们一般不会认为挨批评是件舒服的事。

《菜根谭》中说："忍得住耐得过，则得自在之境。"

一个人为了维护自己的面子和自尊，或担心缺点和错误被人看穿会影响自己的成功和发展，常常就会有意无意地以种种方式来拒绝、逃避批评，也很少有人会真正地把批评看作是针对自己的行为而不是人格。即使是"忠言"，听起来也"逆耳"。

下篇

学会忍让：以大胸怀为自己的人生保驾护航

从理智上说，没有多少人不懂得"人无完人"的道理，也没有多少人不知道对待批评应本着"有则改之，无则加勉"的态度。平时，我们不难听到或看到人家使用"欢迎批评"一类的词语，甚至自己也不止一次地用过。但实际上，一旦有人果真提出批评时，受批评者往往就会像遇到电击一样立即缩回，采取拒绝、逃避的形式为自己辩护。

这种经历和体验，你、我、他大概都不陌生吧！面对批评，人们脑子里首先想到的多半不是自己的过错，而是"大家跟我差不多，你为什么单和我过不去"；"你不拿镜子照照自己，有什么权利批评我"；"我哪里得罪了你，你何必这样"；"你无情，别怪我无义"等一类的反应。因此，如果批评者是你的上司，你即使不便顶撞几句，也可能耿耿于怀，在工作中消极抵抗；如果批评者是你的同事，你即使不大发雷霆，也可能会报以讽刺挖苦，或伺机找茬；如果批评者是你的同学或朋友，你即使不和他争吵一番，也可能会责怪对方背叛了你，并把你们之间的情谊打上问号。

然而，不幸的是，拒绝批评并非意味着可以免受批评，而且还会失去许多忠言善意的劝告，以及可能断送他人对自己的信任和友谊。一个人如果老是拒绝批评，那就无异于说自己以"完人"自居。这显然害多益少。

在一般情况下，人如果挨骂，或受到警告、指责时，大家都会感觉面子上挂不住，心里不痛快。此时，你不妨把上述道理回想一遍，你的内心就会平静许多，脸上也就坦然许多。

如果上司批评斥责下属，情况又另当别论，绝没有窝囊、丢脸之类可言，因为"老子克儿子"是天经地义，顺理成章的。

老刘在公司算是老资格的科长了，大家一般都谦让他，即使是公司领导，也都让他三分。这次，公司统一布置的工作他没有完成，经理找到头上，他竟说"忘了"，经理耐着性子说："老刘啊，你这一忘不要紧，整个工作可就让你给拖住了!"

按说，经理的话毫不过分，态度诚恳，也够客气的，但刘科长可不这么想，多少年来没有挨过批评，就这一句就受不了了，凭着资格老和经理较起劲来。大家过来劝解不下，把经理气得脸都白了。事后，领导集体研究，决定让刘科长写出书面检查。

其实，这种情况完全可以避免。

要知道，在绝大多数人的心目中，下属被上司斥责是理所当然的事。当你被上司训斥时，别人怎么看? 只不过像是在观看父亲"克"儿子罢了。老子"克"儿子，天经地义，人之常情;上司训下属，同样是理所当然，谁也不会见笑。所以当你处于下属位置时，千万不要因遭到呵责而感觉面子难堪，同事也随时可能受批评，因而不会轻视你;上司们也还有他的上司，在他的上司那里，情况就像你遇到的一样，他们更觉得训人与被训是家常便饭，不足为奇。

问题的另一面，上司被下属反驳可就不是理所当然的了，这同样如同老子"克"儿子一样，如果儿子顶撞老子，那可是大逆不道，"翻了天了"。从古至今，谁要违背上级旨意，那就是"犯上作乱"，是"反了!"

所以，既然上司已经斥责了，还是干干脆脆地道歉吧! 这在上级眼里，才是下属应有的可爱态度。你同时还可以想，别人指责你的缺点和错误时能够自我反省的人，才能提高自己的人格，同时成为一个有内涵的人，所以挨骂反而能促使你进步。

如果你感情上实在接受不了，怒气冲天，脸红脖子粗，而冲动行事，事后你一定会后悔。所以当你想要发怒时，最好心中默念:"等一等!"这句"等一等"，就是要你忍耐的意思。有人建议，这时最好把火柴棒放在手上或裤袋里，一支一支地把它折断;或者心中默默数数，一直数到一百，相信不到一百，你就能冷静下来，从而抑制怒火，这是一种气氛转化法。当你挨骂而又不能控制自己时，请试试这两个办法。

制怒好像还容易些，但消极的人一旦被斥责而感到屈辱，不但不会发脾气，反而会灰心丧气，产生"唉，我真不行"的想法。遇到这种情况你可以在心里想，正在训你的上司，恰好也在被他的上司训骂的情形。你完全可以发挥你的想象力，把他挨骂时的狼狈样儿做各种生动的联想。这样，你不但会忘记了正在被斥责，同时会不觉得上司可怕反而可笑，这样也就不会产生诸多的悲观想法。请你记住，人在挨骂时都是一副模样。

想通挨骂的"必然性"，培养心理的"弹性"，你就不会把别人的批评当作是一难堪的事。

2. 名利之心不能过盛

中国有一句俗话叫"知足常乐"。佛教的理想是"不计众苦，少欲知足"。孟子有一句话："养心莫善于寡欲"，是说希望心能够正，欲望欲少欲好。他还说："其为人也寡欲，虽不存焉者寡矣；其为人也多欲，虽有存焉者寡矣。"欲少则仁心存，欲多则仁心亡，说明了欲与仁之间的关系。

自古仕途多变动，所以古人以为身在官场的纷华中，要有时刻淡化利欲之心的心理。利欲之心人固有之，甚至生亦我所欲，所欲有甚于生者，这当然是正常的，问题要能进行自控，不把一切看得太重，到了接近极限的时候，要能把握得准，跳得出这个圈子，不为利欲之争而舍弃了一切。

怎么才能使自己的欲望趋淡呢？"仕途虽纷华，要常思泉下的况景，则利欲之心自淡"。常以世事世物自喻自说则可贯通得失。比如，看到

深山中参天的古木不遭斧斤，葱茏蓬勃，究其原因是它们不为世人所知所赏，自是悠闲岁月，福泽年长，"方信人是福人"；看到天际的彩云绚丽万状，可是一旦阳光淡去，满天的绯红嫣紫，瞬时成了几抹淡云，古人就会得出结论道："常疑好事皆虚事。"中国的古代，自汉魏以降，高官名宦，无不以通佛味解佛心为风雅，可以在失势时自我平衡，自我解脱。

人生在世，除了生存的欲望以外，还有各种各样的欲望，自我实现就是其中之一。欲望在一定程度上是促进社会发展的动力，可是，欲望是无止境的，欲望太强烈，就会造成痛苦和不幸，古往今来，这种例子不胜枚举。因此，人应该尽力克制自己过高的欲望，培养清心寡欲，知足常乐的生活态度。

《菜根谭》中主张："爵位不宜太盛，太盛则危；能事不宜尽华，尽华则衰；行谊不宜过高，过高则谤兴而毁来。"意即官爵不必达到登峰造极的地步，否则就容易陷入危险的境地；自己得意之事也不可过度，否则就会转为衰颓；言行不要过于高洁，否则就会招来诽谤或攻击。

同理，在追求快乐的时候，也不要忘记"乐极生悲"这句话，适可而止，才能掌握真正的快乐。令人愉快的事追求太过则会成为败身丧德的媒介，能够控制一半才是恰到好处。

所谓"花看半开，酒饮微醉，此中大有佳趣。若至烂漫酕醄，便成恶境矣。履盈满者，宜思之。"意即赏花的最佳时刻是含苞待放之时，喝酒则是在半醉时的感觉最佳。凡事只达七八分处才有佳趣产生。正如酒止微醺，花看半开，则瞻前大有希望，顾后也没断绝生机。如此自能悠久长存于天地畛域之中。

又如："宾朋云集，剧饮淋漓乐矣，俄而漏尽烛残，香销茗冷，不觉反而呕咽，令人索然无味。天下事率类此，奈何不早回头也。"痛饮狂欢固然快乐，但是等到曲终人散，夜深烛残的时候，面对杯盘狼藉，必然会兴尽悲来，感到人生索然无味。天下事莫不如此，为什么不及早醒悟呢？

常常看到有些人为了谋到一官半职，请客送礼，煞费苦心地找关系、托门路、机关用尽，而结果还往往与愿相违；还有些人因未能得到重用，就牢骚满腹，借酒浇愁，甚至做些对自己不负责任的事情。凡此种种，真是太不值得了！他们这样做都是因为太看重名利，甚至把自己的身家性命都压在了上面。其实生命的乐趣很多，何必那么关注功名利禄这些身外之物呢？少点欲望，多点情趣，人生会更有意义。更何况该是你的跑不掉，不该是你的争也白搭。

因此，注重中庸并保持淡泊人生、乐趣知足的心态，才能使自己体会出无尽的乐趣，达到人生的理想境界。

古人云：求名之心过盛必作伪，利欲之心过剩则偏执。面对名利之风渐盛的社会，面对物质压迫精神的现状，能够做到视名利如粪土，视物质为赘物，在简单、朴素中体验心灵的丰盈、充实，并将自己始终置身于一种平和、自由的境界。

3. 放下是一种快乐

从古到今，芸芸众生都是忙碌不已，为衣食、为名利、为自己、为子孙……哪里有人肯静下心来思考一下：忙来忙去为什么？多少人是直到生命的终点才明白，自己的生命浪费太多在无用的方面，而如今却已没有时间和精力去体会生命的真谛了。唐代的寒山禅师针对这一现象作过一首《人生不满百》的诗——

人生不满百，常怀千岁忧。

自身病始可，又为子孙愁。

下视禾根土，上看桑树头。

秤锤落东海，到底始知休。

此诗可以这样解释："人生不满百，常怀千岁忧"，尽管人生非常短暂，但是人们却都抱着长远规划，全然忘记生命的脆弱；"自身病始可，又为子孙愁"，不仅应付自己的烦恼，还要为子孙后代的生活操劳；"下视禾根土，上看桑树头"，生命中劳劳碌碌都是为衣食生计奔波，哪里有时间停下来思考一下生命的意义；"秤锤落东海，到底始知休"，人生的轨迹就如同掉进水里的秤砣一样，直到碰到生命的尽头才会停止。

寒山禅师以此诗提醒世人："即刻放下便放下，欲觅了时无了时"，能放下的事情不妨放下，若是等待完全清闲再来修行，恐怕是永远找不到这样的机会。

从前有个国王，放弃了王位出家修道。他在山中盖了一座茅草棚，天天在里面打坐冥想。有一天感到非常得意，哈哈大笑起来，感慨道："如今我真是快乐呀。"

旁边的修道人问他："你快乐吗？如今孤单地坐在山中修道，有什么快乐可言呢？"

国王说："从前我做国王的时候，整天处在忧患之中。担心邻国夺取我的王位，恐怕有人劫取我的财宝，担心群臣觊觎我的财富，还担心有人会谋反……现在我当了和尚，一无所有，也就没有算计我的人了，所以我的快乐不可言喻呀。"

人生往往如此：拥有的越多，烦恼也就越多。因为万事万物本来就随着因缘变化而变化，凡人却试图牢牢把握让它不变，于是烦恼无穷无尽。倒不如尽量放下，烦恼自然会渐渐减少。话虽如此，又有谁能放下呢？

许多人都有贪得无厌的毛病，正因为贪多，反而不容易得到。结果患得患失，徒增压力、痛苦、沮丧、不安，最后一无所获。

有个孩子把手伸进瓶子里掏糖果。他想多拿一些，于是抓了一大把，结果手被瓶口卡住，怎么也拿不出来，急得直哭。

佛陀对他说："看，你既不愿放下糖果，又不能把手拿出来，还是知足一点吧！少拿一些，这样拳头就小了，手就可以轻易地拿出来了。"

在生活中，要学会"得到"需要聪明的头脑，但要学会"放下"却需要勇气与智慧。普通的人只知道不断占有，却很少有人学会如何放下。于是占有金钱的为钱所累，得到感情的为情所累……

佛家劝人们放下，不是要人们什么事情都不做，是说做过之后不要执著于事情的得失成败：钱是要赚的，但是赚了之后要用合适的途径把它花掉，而不是试图永远积攒；感情是应该付出的，不过不必要强求付出的感情一定得到回报。如果我们学会了"放下"的智慧，那么不仅会利益周围的人，更是从根本上解脱了我们自己。

当佛陀在世的时候，有位婆罗门的贵族来看望他。婆罗门双手各拿一个花瓶，准备献给佛陀作礼物。

佛陀对婆罗门说："放下。"

婆罗门就放下左手的花瓶。

佛陀又说："放下。"

于是婆罗门又放下右手的花瓶。

然而，佛陀仍旧对他说："放下。"

婆罗门茫然不解："尊敬的佛陀，我已经两手空空，你还要我放下什么？"

佛陀说："你虽然放下了花瓶，但是你内心并没有彻底的放下执著。只有当你放下对自我感观思虑的执著、放下对外在享受的执著，你才能够从生死的轮回之中解脱出来。"

在我们寻常人的眼里，世间的万法往往是被认为是实有的，加之我们以固有的观念去看待世间的万物，因而在我们的主观的视角中便产生畸形的人生观，当作衡量世间一切事物的尺度，因而使我们深深地被是非、烦恼困扰住了。于是人生就平生起了许多的痛苦，而我们自身又无法摆脱这种痛苦的缠绕。

显然，我们要摆脱世间各种烦恼的缠缚，单纯地依靠世间的智慧，无疑是不可能实现的，有时我们还需要一种勇气、一种敢于"放下"的勇气。比方说我们对某些事"求不得"时，就会想尽一切办法去努力去争取，实现其目的，而当这一目的被实现之后，新的欲求又将会接着产生，又转而产生新的烦恼，如此便永无了期。此时此刻，如果我们心中能够产生一种"放下"的勇气，这个烦恼也就有了期限。

懂得"放下"，是一味开心果、是一味解烦丹、是一道欢喜禅。只要我们能够适时的"放下"，何愁没有快乐的春莺在啼鸣；何愁没有快乐的泉溪在歌唱；何愁没有快乐的鲜花在绽放！

4. 淡泊胸怀，独善自身

光荣和耻辱在人心中总是很重要。人们爱惜它就像爱惜生命一样。什么叫光荣和耻辱呢？得到时惊喜万分；失去时心灰意冷。这就是心理的大障碍。为何不刻意的收藏起自己的欲望。用看别人的眼光看自己呢？这样以来还有什么可担心的呢？以此论治国，像爱惜自己身体一样爱护国家的人，可以将国家托付给他，不愿身先士卒的人，又有何道理将国家托付给他呢？

老子说：宠辱若惊，贵大患若身。何谓宠辱若惊？宠为下，得之若惊，失之若惊，是谓宠辱若惊。何谓贵大患若身？吾所以有大患者，为吾有身，及吾无身，吾有何患？故贵以身为天下，若可寄天下；爱以身为天下，若可托天下。

由于荣宠和耻辱的降临往往象征着个人身份地位的变化，所以，人们得宠之时也就是春风得意之时，他们当然唯恐一朝失去，就不免时时处于自我惊恐之中。

得宠的人怕失宠的心理是正常的。一般说来，一个飞黄腾达的人是较少受辱的。所以，一个人在受辱的时候也往往意味着他个人地位的降低或低下。与宠的荣耀相比，受辱当然是一件很丢脸面的事情，所以得失之间都不免惊慌失措。另外，当一个人功成名就的时候，容易欣喜若狂，甚至得意忘形，这就为受辱埋下了祸根，因为他对成就太在意了。所以有些人就吸取了这方面的经验：淡泊名利。这种保全自己的办法，更是一种修养。

唐朝某年间的一个清晨，在润州西北的芙蓉楼上，来了两位士人。他们一位是大名鼎鼎的诗人王昌龄，另一位则是他的朋友辛渐。

昨夜的漫江寒雨现在渐渐停了，寒雨增添了几分萧瑟的秋意。两位朋友在这个清冷的地方，面对着滚滚流去的长江水，互相交谈着。王昌龄说："辛兄，这次一别，不知何日再能见面啊。"原来，辛渐要从这里渡江北上，取道扬州到洛阳去，现在船已经停泊在岸边了。

辛渐说："昌龄兄情深义长，你从江宁送我到润州，昨晚在这里为我饯行，今天又来送我，叫我如何报答呢！这回我们谈得畅快，使我明白了这些年来你受到的委屈和折磨。希望你放开胸怀，好好保重自己！"

王昌龄曾因不拘小节，受到当时某些人的批评指责，甚至进行无中生有的诽谤。为此，几年前他就被贬官岭南，然后又被任为江宁丞，终是屈居在下级官吏的行列中，对此王昌龄淡然处之。此刻，他感到惆怅的倒是辛渐走后，自己又少了一个知己。辛渐知道，王昌龄在洛阳有不少亲友，他们也一定听到了外界不利于王昌龄的非议。他便关心地问：

"昌龄兄，我去洛阳，你有什么话要我带给那边的亲友吗？"

王昌龄昂起头，目光炯炯地说："有！因为要给你饯行，我做了一首诗。"于是，他对着浩浩江水，朗声吟了题为《芙蓉楼送辛渐》的诗：

寒雨连江夜入吴，平明送客楚山孤。洛阳亲友如相问，一片冰心在玉壶。

辛渐被感人的佳句打动了，连连赞道："好诗！好诗！'一片冰心在玉壶'，这表明你始终坚持自己清白自守的节操，多么高尚，令我钦佩！这句诗，足可告慰你在洛阳的亲友了。我也很高兴，因为你的大作对我无疑是一件难得的珍宝！"两位朋友再次珍重道别，辛渐登上了江边的船，扬帆而去。岸边的王昌龄，遥望远处矗立的楚山，觉得自己也像楚山那样孤零零的。

"一片冰心在玉壶"，追求自身的高洁，用淡泊的心怀看待世事，这是高超的做人和处世的哲学。自己内心纯洁，就不怕别人的恶意诋毁和诽谤；抱着淡泊的胸怀，名利如浮云一般，入不得耳目，扰不了心志。只有这样，人生才踏实、充实。

天下熙熙，皆为利来；天下攘攘，皆为利往。人生看不破"名利"二字，就会受到终身的羁绊。名利就像是一副枷锁，束缚了人的本真，抑制了对于理想的追求。现代人生活在节奏越来越快的年代，成就感的诱惑始终存在，有太多的诱惑，太多的欲望，也有太多的痛苦，因此我们身心疲惫不堪。一个人要以清醒的心智和从容的步履走过岁月，在他的精神中就不能缺少气魄，一种视功名利禄如浮云的气魄。

不拘于物，是古往今来许多人一生的所求。视功名利禄如浮云，不必为过去的得失而后悔，不必为现在的失意而烦恼，也不必为未来的不幸而忧愁。抛开名利的束缚和羁绊，做一个本色的自我，不为外物所拘，不以进退或喜或悲，待人接物豁然达观，不为俗世所滋扰。

学会忍让：以大胸怀为自己的人生保驾护航

烦恼和羁绊都是由于自己的不能舍弃或是看得太重而引起的。人生于世，无论君子、圣贤雅士也好，还是小人、俗人、凡人也好，谁也不可能无所谓的舍弃。俗人爱财，难道君子就不需要了吗？圣贤如果没了一日三餐，他也要去赚钱的。但不要执著，要懂得放下。拿得起放得下，这才是俗世的淡泊。

德国哲学家康德就非常厌恶"沽名钓誉"，他曾经幽默地说："伟人只有在远处才发光，即使是王子或国王，也会在自己的仆人面前大失颜面。"也许，正是因为有了这样一份淡泊的心境，世界才又多了几丝温暖，几分快乐；也许正是少了几分对名利的追逐，世界才又多了几分自在，几般快慰。

淡泊胸怀，独善自身，人生便不受困扰，心神才会一片安泰！

5. 苦对追求笑对失落

人生，色彩斑斓；生活，五味俱全。人，难得到这个世上，谁不愿人生如画的灿烂美丽？谁不想生活如风似云般洒脱自如？

然而，有所追求，就有所失落，正如要结果而花必然落去，并且追求的目标越高，追求得越执著，失落得也就往往越多，这才是生活的真实。

愉悦如意，使人身心舒畅，意气风发，增添乐趣，犹如踏上阳光明媚的康庄大道。

遇有失落，折磨着意志，冷却了热情，动摇了目标，恰似陷入孤寂痛苦的泥沼。

追求与失落相随，谁也躲避不了。

其实，在通向追求目标的途中有所失落，并非不速之客，它经常伴随着人类的进步、发展和生活而光临。生活负担过于繁重，事业紧迫无法脱身，身心受到摧残打击，美好的理想难以实现，苦苦追求的东西无法得到，几番饮下生活的苦酒，遭受人生的挫折……人类的智慧和力量，也只有在同各种失落较量的过程中，才能更充分更有力地显示出来。正如大江大河在奔涌中一旦碰到礁石，它便会把自己的全部活力释放出来。而对失落，如果能够正确地认识人世的复杂，勇敢地正视追求中的艰辛，深谙人生的辉煌本就触及着许多曲折、坎坷、失败、忧愁，那么，你必定能够笑傲失落，泰然处之。追求似坚固的手杖，目标是力量的源泉。一个人只要有了这两点，定会融化冰冷的心，提高兴奋机能，越过千山万水，一步步走向成功和喜悦。

综观古今，事业的成功者，谁不曾失落？如果你在失落的苦闷中不能自拔，一蹶不振，失魂落魄，那只会把人生导向可悲的境地。

众所周知，三毛有着一股常人所没有的勇气四处流浪，她的书透着几多豪情、几多执著、几多坚韧，可她却终于抵御不住疾病和人为的失落而放弃生命。

失落的滋味，苦涩得难以言喻。然而，"失落"这味至苦的药却能治人百病。沉住气，抱十分的智来笑对"失落"吧！你的意志必将坚强，你的性情必将豁达，再苦再难的日子，你不会落泪。这种笑对"失落"的情绪，足以化渺小为伟大，化平庸为神奇，化艰险为坦途。

有道是：

征途常曲折，人生多坎坷；

失落时时有，每每重振作。

217

6. 知足者常乐

子贡曰:"贫而无谄,富而无骄,何如?"

子曰:"可也;未若贫而乐,富而好礼者也。"

子贡曰:"《诗》云:'如切如磋,如琢如磨。'其斯之谓与?"

子曰:"赐也,始可与言《诗》已矣,告诸往知来者。"——《论语》

面对难填的欲壑,我们应尽量享受已有的。这样,生活就会是真实的,富有质感的,一年三百六十天,每天太阳都是常新的。

欲望的满足不是满足,而是一种自我放逐,欲望会带来更多更大的欲望。如果我们为欲望所左右,为欲望的不能满足而受煎熬,那么人生还有什么滋味?

一个人应当知足,应当安分,不要妄求多取。能够像古圣贤那样对待生活豁然大度,就能身心处于一种快乐的境界。这就是我们今天所说的经常保持心态平衡的意思。

"知足者常乐"。这是人们通常说服别人或说服自己,求得心理平衡的道理,也是糊涂修身的原则之一。《老子》也说:"知足之足,常足矣"。大则忧国忧民,感时忧愤;小则忧家忧己,往往都是忧多于喜。人往高处走,水往低处流,谁不想生活、工作条件好些,精神安逸些?想归想,未必都能一一满足,在各种理想、愿望,甚至连小小的打算都未能成为现实的时候,你就要学会承认和接受现实,并且不消极、不失望,自己寻找心理平衡。在这里比较法很管用,即和过去比、和自己比,而不要和高于自己、强于自己的他人比。比方你总觉得你的收获不如付出的多,那你就应该和付出比你更多,获得比你还少的人比,这样你心里就舒服了。当自己的学业经历多年长进不大时，你应该想想从前的你还没有现在这么有知识，进步不大但毕竟有了进步。

"知足者常乐"多数情况不是指物质条件的获得，物欲的满足，不要无限制地追求那些不现实的、得不到的东西。正像卢梭所说的那样："人啊，把你的生活限制于你的能力，你就不会再痛苦了。"一切理想都植根于现实这块肥沃的土壤中。人不可物欲太强烈，有了星星，还想要月亮，有了月亮还想要太阳，乃至于恨不得把整个宇宙都抱在怀里。不知足就必然贪心，人一贪心就容易生出许多恶行，不顾廉耻，甚至违法乱纪，贪污受贿，巧取豪夺，最终不但挖了社会墙角，损害他人，也害了自己。

"知足者常乐"这个原则在你忧愁烦恼之时，会让你找到心理平衡，克服种种不切实际的欲望，特别是物欲。安于现状，知足常乐，但切莫对美好的生活失去信心。

坎坷人生，忧喜参半，酸甜苦辣，五味俱全。也许正因为这样，生活才有滋味，活得才带劲。工农商学兵，五界十三行，三教九流，各色人等，各有各的忧喜。学生为学校是否理想而担忧；工人为产品积压而忧愁；农民为今年粮食收购不给"白条"而欣喜；文艺家为艺术的低俗而忧虑；教育者为桃李满天下而欣慰；炒金者为股票行情不定而揪心；家庭主妇因蔬菜涨价而叫苦不迭；平民为生计而奔波；总理为国事而操心。忧喜无时无刻不在搅扰着人们，"上帝"最公平，他把忧喜分给了每一个人，只是忧喜的内容和大小不同而已。

"痛点"转移，自得其乐。不知哪位哲人说过，在生活和工作中不是任何付出都会有回报的。确实如此，有时生活存在明显的不公平，不光你自己觉得不公，连周围的民意也认为不公。这时候，千万不可激动，更不能一时冲动，干出无法收拾的傻事来。比如评级长薪，凭你的贡献、你的民意测验，这次的美事理应属于你，但因为只有一个名额，有关方面出于平衡关系或其他考虑，就把美事给了另一个人。在这种情况下，千万要想得开，不能耿耿于怀，忧心忡忡，更不能失去理智。即使从养生之道出发也不必肝火太盛，潇洒地想，一次长薪不就几块钱吗？不能为几块钱闹气叫人看低了自己的人格，看小了自己的风度。应自己宽自己的心，自己找乐。

某电视台播过一个小笑话，说有一个老太太，晴天也哭，雨天也忧。因为她有两女儿，大女儿卖雨伞，二女儿卖冰棍。晴天怕大女儿赚到不钱，而雨天又怕二女儿赚不到钱。有位智者开导她说："你老人家大可不必天天忧心，晴天的时候你就为你二女儿高兴，今天冰棍一定好卖；雨天的时候你就为大女儿高兴，今天雨伞一定卖得好。这样一来，你就变天天哭为天天乐了。"老太太一想果真有道理，怎么我从前就没想到这个理儿呢？

忧和喜是事物带给你的两种心情，只要你不钻牛角尖，懂得将"痛点"转移，同一题善于从两面或多个角度去思考，哲理就在你身边，大可不必忧心忡忡，更不用像老太太先前那样哭天抹泪儿。

人活于世，不可为虚名所累。孟子说："有意料不到的赞扬、有过于苛求的诋毁。"人生在世，确实有许多偶得的虚名，而这偶得的虚名，自然当真不得。

人活着是为自己活着，不重虚名、不重钱财，如此岂不快活哉！

但人往往是知多知少难知足，就像"渔父和金鱼"的故事里的老太婆，要了木梳要木盆，要了木盆要木屋，要了木屋要皇宫，要来要去一场空。

与老太婆相似的还有一个农夫。这个农夫，每天早出晚归地耕种一小片贫瘠的土地，但收成却很少。一位官员可怜农夫的境遇，就对农夫说，只要他能不断往前跑，他跑过的所有地方，不管多大，那些土地就全部归他。

于是，农夫兴奋地向前跑，一直跑一直跑、一直不停地跑！跑累了，想停下来休息，然而，一想到家里的妻子、儿女，都需要更大的土地来耕作、来赚钱啊！所以，他又拼命地再往前跑！最后真的累了，农夫上气不接下气，实在跑不动了！

可是，农夫又想到将来年纪大，可能乏人照顾，需要钱，就再打起精神，不顾气喘不已的身子，再奋力向前跑！

最后，他体力不支，"咚"地倒躺在地上，死了！

在我们的生活中，到处充满着机会，可以说是能让人丰衣足食。生活中有这么多令人幸福的东西，可我们却变得越来越不幸福。究其原因，就是没有一颗知足的心。有了贪念，就永远不能满足；不满足，就会感到欠缺。因此，拥有一颗知足的心，才是真正的喜悦、真正的宁静、真正的幸福。

其实，我们赚钱，就是为了自己的生活过得好一些。如果只是埋头苦干，没有享受的乐趣，那生活还有什么意义？生活质量的高低，并不完全体现在你拥有金钱的多少和物质利益的多寡上，还有你脸上的微笑，心中的情感。而人生有着太多的不公平。有起点的不公平：有的人是含着"金钥匙"出生的，有的人则生来就是残疾；有的生在穷乡僻壤，而有的人则生在"天子脚下"。有结局的不公平：同样的辛勤付出，有的人抢得先机，而有的人只能向隅而泣；同样的冒险一搏，鹤起兔落之间有的人倒霉，有的人走运。

古人的"布衣桑饭，可乐终身"是一种知足常乐的典范。"宁静致远，淡泊明志"中蕴含着诸葛亮知足常乐的清高雅洁；"采菊东篱下，悠然见南山"中尽显陶渊明知足常乐的悠然；沈复所言"老天待我至为厚矣"表达着知足常乐的真情实感。更多的时候，知足常乐是融合在平平淡淡才是真的意境中。知足常乐，是一种人性的本真，在孩童时代，我们会为拥有自己梦想得到的东西而喜上眉梢，笑逐颜开，烙下一

学会忍让：以大胸怀为自己的人生保驾护航

221

串串深刻的记忆。今日重温，也许会忍俊不禁。无论行至何方，所处何位，知足常乐永远都是情真意切的延续。

7. 宁为真学士，不为假道学

在现代社会里，人与人之间的交往，都是鄙视那些满口仁义道德，活在虚假的礼法上，心里却是肮脏阴险的不义之人。借着高尚、严肃的名分，伪装出关心、爱护、正直、无私、严词说教，不仅严重地刺伤了人类的感情，也伤害了人们应有的尊严。古人提倡风流人生，"宁为真学士，不为假道学"，是指有才学而又不拘礼法。"真风流"，一个人是不能活得太虚伪，太不真实的。真实一点，自然一点，也许这会使你感觉更好呢！

今天，我们倡导追寻一种幽默浪漫（幽漫）的生活方式，幽默浪漫的品性是性格健全的外在显示，心理保健的内在培育；是立身处世的灵丹妙药，也是人际交往的润滑剂、加油站；是生存的一种立身谋略，是一把处世利刃，也是心灵修炼的一份涵养，暗含着中国传统儒、释、道的生存智慧；是一个民族新鲜活力的保育室，也是社会完美和谐、人性化的催化剂；是中外名家热情讴歌的主题，也是人们孜孜不倦追求的目标；是东方文明超然物外时的极致发挥，也是东方文明入世随俗时的缺憾不足；幽漫，散发青春朝气的字眼，抒发着人生内涵的智慧；幽漫是阳光明媚的清晨，幽漫是夏雨过后的宁静；幽漫是丽人的笑靥，美好、惬意、向往、又远离敌意；幽漫是温香的玉，高洁、名贵、没有丝毫杂质；幽漫是一种别样的生活，坦荡、磊落、欢乐钟情；幽漫是一份上帝的礼物，慷慨地馈赠每一位无法拒绝的人。

我们倡言追寻幽漫的生活方式，把握幽漫，创造一个新我，让轻松舒缓、清新高雅的社会空气流动起来；让健康洒脱、充满阳光的心灵树立起来；让你赢得周围的每一位朋友，赢得生活中的每一份欢乐。

陶渊明一生不愿出仕，几次做官都不如意，最终辞官回家。他最终辞官回家是因为这样的一件事情引起的：有一天，郡里派遣督邮到澎泽县来检查工作。县里的小官吏听到这个消息后连忙去向陶渊明报告。这时，陶渊明正在他的书斋里读书写诗。他一听督邮来检查，十分扫兴，便放下纸笔，准备跟小吏一起去见督邮。

小吏见他穿着一身便服，吃惊地说："上级来视察了，你作为一县之长，应该穿上官服，束上带子恭恭敬敬地去迎接才好，怎么能穿着便服去呢？"

陶渊明向来看不起那些依仗权势、盛气凌人的官僚们，听小吏说还要穿起官服去向督邮行拜见礼，他觉得自己无论如何也接受不了。他叹息一声对小吏说道："我可不愿意为了五斗米的俸禄，就躬着腰向那些乡里小人作揖打拱，做出曲意逢迎的样子来。"

说完，陶渊明不仅不去会见上面来的督邮，而且拿出县里的大印和官服交给小吏，说："督邮来了，请你把这些东西交给他。"

人们常常会遇到这样一种人，他们的面容严肃正经，神态庄严，摆出一副不屑与人为伍的样子，假作高傲的贵人的身份，其做派令人可笑。这往往是一群身份卑微的人，他们打心里认为高贵是一种特权，所以竭力向这个团体靠拢。只要遇到了可以称贵的人，即在社会上有身份、地位、贵族血统等等的社会名流，他们便卑躬屈膝，点头哈腰，百般奉承讨好。遇到了与自己同等身份或不及自己的人，他们马上换上另一副面孔，正襟危坐，不苟言谈，凌然一副不可冒犯的姿态，对尊和卑的严格的划分，到了令人无法忍受的地步。这是地地道道的伪君子，品格卑劣的小人物。

故意忸怩作态，是一种很强的表现欲望在作祟，其表演往往又流于肤浅。弯的变成直的，直的变成弯的，做作不自然，令人作呕。真挚的感情、美丽的情操，与过分的掩饰、矫情的表演格格不入，矫揉造作不仅不利于感情、友好、希望等等内含的表达，也败坏了真的形象、美的形象、善的形象，没有丝毫是可以值得欣赏的。成功的人际交往，都是建立在自信而又谦虚、热情而又端庄的基础上的。美好的塑造，离不开良好的文化教养、出类拔萃的聪明才智和高雅不俗的仪表。唯有如此，才会有上好的率真的表现。

有道是："满灌子不摇半灌子晃荡"。学识渊博、修养深厚的智者是不会装腔作势的。话剧"钦差大臣"更是淋漓尽致地揭示了俄国上层社会的虚假丑恶的众生相。那些贪图近利的官吏们为了能抓到一个机会，极尽装腔作势之能事。陈胜在贫困时对天盟誓，要求同享富贵。可一旦富贵了反而容不得那些才摆脱不久的"贫穷"，连"装腔作势"的面纱也不要了。有两句歌词写得好，"平平淡淡，从从容容才是真"。人不能凭伪装去面对生活，如果你连最起码的真实都做不到，那么你最终将变成一场虚空，什么也得不到，什么也留不下。可见，一个人还是要平淡、从容一些好，不必拿腔拿调地累自己，如若因此而做错事，那就更不值了呀！

8. 时间是名气的最好老师

孟子曰："天将降大任于斯人也，必先苦其心志，劳其筋骨，饿其体肤，行弗乱其所为，然后动心忍性，增益其所不能。"这里所列举的"苦"、"劳"、"饿"等，体现在世俗生活中，都是很"没面子"的事，这会使自己的名气受到损害。可是你若能抱着"将来我会把丢的面子找

回来"的信念待之，你就一定能够忍受它。而忍受的结果是，不仅增长了自己的才干，还学会了从前所不会的东西，这表现在心理方面便是"动心忍性"，即可以承受很强的外界压力和刺激。这样，你就达到了可以担当大任、成就大事的地步了。

生活中，许多人丢一次面子便觉得永远抬不起头来，这是很不正确的，丢一次面子，并不等于脸面丧尽。便不等于说永远失去了"找回面子"的机会。只要你能先承受住丢面子，然后再努力去"挣面子"，那么，你的面子最终还是归于你自己。所以，这里很关键的一点就是：不灰心。只要信心还在，你就有希望崛起，你就不会在像"丢一次面子"这样的小挫折面前沉沦。

韩安国是汉代人。汉景帝时，为梁孝王中大夫，吴、楚造反时，受命阻止吴兵，得以出名。后来，韩安国因犯法入狱，受到蒙县狱吏田甲的欺辱，气愤地说："你别太得意了，你怎知死灭的草木灰还会不会重新燃烧起来呢？"田甲自负地嘲笑着说："死灰要敢重新燃起，我就用自己的尿浇灭它。"可过了不久，韩安国又重新被任命为梁国内史，由囚徒一下子成为相当于太守级别的大官。田甲只好逃到外地，韩安国扬言："田甲不肯来官府认罪。难道我就不能整治他的家属吗？"田甲无奈，只得含愧领罪。韩安国虽没严惩他，还是讥讽了他一下，"你倒撒尿呀！"于是，积蓄已久的恶气终于得消。"死灰复燃"的成语，即从这一典故中得出。

"死灰复燃"的典故告诉我们，死灰尚可以复燃，更何况人的面子呢？面子可失而复得，韩安国作了囚犯，在旁人眼里已是毫无希望了，他本人却不丧失信心，反而语出惊人，最终还是实现他的心愿，与曾羞辱过他的人"面对面"地了结了这段恩怨，重又夺回了面子。

名气可丢，志不可丧。丧失了志气，就像一个人被抽去骨架，折断了脊梁，永远无法挺直胸膛，站立做人，一旦没了志气，名气就再也挂不起来了。所以，在我们丢了名气时，一定要长志气，志气可以疗伤，志气可以给你以勇气去承担耻辱，志气可以增加你的脸皮，志气还会帮你赢回名气。

春秋战国时，孙膑与庞涓同师于异人鬼谷子。庞涓先期毕业，成为魏国权臣。孙膑学满业成之时，魏惠王派使者前来求见，欲用孙膑。孙膑到了魏国，才华显露，引起了庞涓的嫉恨。他一方面设计陷害孙膑，欲除去竞争对手；另一方面，他又冒充好人，骗取孙膑的信任，欲夺其《孙武兵法》之秘传。结果，孙膑被剔去双膝盖骨，又以墨刺面，成了一个废人。孙膑因不知内情，为感激庞涓救命供养之恩，决定为庞涓默写鬼谷子注解的孙武兵书，直到有一天，孙膑的一个侍者听出真想，密告给孙膑，孙膑才恍然大悟继而大惊。这时，他便依鬼谷子锦囊所授，突装疯。痰涎满面，胡言乱语，或哭或笑，或怒或骂，长发披散，故意卧于猪圈之粪秽中。有好酒好肉故意不吃，却专吃别人扔过来的狗骨头及泥块。

至此，庞涓才相信孙膑确实疯了，于是便放纵孙膑，任其出入。孙膑则整日混迹于市井之中，或狂言诞语，或悲号不已，没有人知道他是假装疯癫。以此为伪装，孙膑在暗中等待时机，伺机逃走。一日，墨子的徒弟禽骨随齐臣淳于髡来到了魏国，趁机救走了孙膑。孙膑到了齐国，成了大将田忌的军师，立志复仇，励精图治数载，终于设计在马陵道将庞涓万箭穿身，一雪前仇。

从知道真相到报仇雪恨，孙膑一共花去了近十年的时间，正是所谓"君子报仇，十年不晚"。孙膑靠着自己的智谋与耐心，丢名气于魏而又终于长名气于齐。装疯卖傻，过着非人的生活，坐等时机，被心中仇恨所煎熬，这些只有拥有极强的自我克制能力的人才能够办得到。这说明，"找回名气"并不是一件一蹴而就的事。也正是因为如此，它才磨炼人的性情，锻炼人的心志。当你因丢了名气而感到屈辱时，当你决心有朝一日争回本属于你的名气时，你一定不要忘了"耐心"一词。因为时间是最好的老师，它能教你从等待的痛苦中吸取力量，重获新生。

9. 学会宽恕而不怨愤

作为一个人，一定要保持一颗慈爱的心，除去那些怨恨别人的想法。因为憎恨别人对自己是一种很大的损失。恶口永远不要出自于我们的口中，不管一个人有多坏，有多恶。一但你骂他，你的心就被污染了，你要想，他就是你培养爱心的对象。虽然我们不能改变周遭的世界，我们就只好改变自己，用慈悲心和智慧心来面对这一切。拥有一颗无私的爱心，便拥有了一切。根本不必回头去看咒骂你的人是谁？如果有一条疯狗咬你一口，难道你也要趴下去反咬他一口吗？

林肯曾说：不要对任何人产生怨恨之心，要将慈善之心广布于天下。

社会是人与人组成的，因此，谁都不可以孤立地生活在这个世界上。在生活中，我们很难避免与他人之间发生摩擦，或者是不愉快的时候，尤其是当你感受到自己遭遇到不公平的待遇的时候，你是否会对他人产生敌意呢？你是否会因此而在心里对他人怀有怨恨之心呢？

首先可以肯定地说，当你受到了真正的不公平的待遇的时候，你完全有理由怨恨他人，因为你是真的受了委屈。可是，请你冷静地想一想，当你在怨恨他人的时候，你自己从中又得到了什么呢？事实上，你所得到的只能是比对方更深的伤害。

你的怨恨对他人不起任何作用，反而是你自己内心里的怨恨影响了你自身的健康，因为你的怨愤态度使你产生了消极情绪，这消极情绪对你的健康和性情都会产生很大的负效应，从而对你造成伤害。更为严重的是，你总是想着自己受到了不公平的待遇，总是因此而极不愉快，从而也就会因此招致更多的不愉快。

想想看，你是否有必要改变自己的态度呢？你要知道，我们所受到的不公，仅仅是因为我们的心理有所欲求。如果我们不看重自己心理上的这份欲求，或者把这份欲求看得很淡，那么不公又从何而起呢？

当然，除非有特殊的原因，你不必与那些与你之间存在着嫌隙的人表现友好，但是，如果你不学会原谅和遗忘，那么你也就否认了你自己是一个真正的受害者。这样一来，你对他人的怨愤也就会因此而升级，你自己所受到的伤害也同样会由此而升级。

一只脚踩扁了紫罗兰，它却把香味留在那脚上，这就是宽恕。

我们常在自己的脑海里预设了一些规定，认为别人应该有什么样的行为。如果对方违反规定，就会引起我们的怨恨。其实，因为别人对"我们"的规定置之不理，就感到怨恨，不是很可笑吗？

大多数人都一直以为，只要我们不原谅对方，就可以让对方得到一些教训。也就是说："只要我不原谅你，你就没有好日子过。"其实，倒霉的人是我们自己：一肚子窝囊气，甚至连觉也睡不好。

如果当你觉得怨恨一个人时，请先闭上眼睛，体会一下自己的感觉，感受一下自己的身体反应，你就会发现：让别人自觉有罪，你也不会快乐。

一个人爱怎么做就怎么做，能明白什么道理就明白什么道理。你要不要让他感到愧疚，对他差别不大，但是却会破坏你的生活。假如鸟儿在你的头上排泄，你会痛恨鸟儿吗？万事不由人，台风带来暴雨，你家地下室变成一片沼国，你能说"我永远也不原谅天气"吗？既然如此，又何必要怨恨别人呢？我们没有权利去控制鸟儿和风雨，也同样无权控制他人。老天爷不是靠怪罪人类来运作世界的，所有对别人的埋怨、责备都是人类自己造出来的。

即使遭逢剧变所引起的怨恨，在人性中也依然可以释怀。因为如果你希望自己好好活下去，就得抛开愤怒，原谅对方。

悲痛和愤怒中的人大致可以分为两种：第一种人始终生活在愤怒及痛苦的阴影下；第二种人却能得到超乎常人的同情心和深度。

令人心碎的事，例如大病、孤独和绝望，在人的一生中都难以幸免。失去珍贵的东西之后，总有一段时间会伤心、绝望。问题是，你最后到底变得更坚强呢，还是更软弱？

宽恕、忘记对他人的怨愤之心，这是一个智者的做法。

事实上，忘记你所受到的不公，忘记对他人的怨愤，最终最大的受益者只能是你自己。当你忘记了怨愤，学会了遗忘和原谅，你就会发现，原来你所认为的那些所谓的不公，其实根本不值一提，因为它们在你的一生之中，是那么的微不足道。而你也同时会认识到，抛开对他人的怨愤之心，你所获得的快乐是你这一生都享受不尽的。

学会宽恕而不怨愤，这是我们具备的最重要的美德之一。

忘记对他人的怨愤之心，这是一个智者的做法。如果你还没有学会遗忘和原谅，那么从现在开始，你就应该要求自己，甚至可以强迫自己，不要怨恨别人。

学会忍让：以大胸怀为自己的人生保驾护航